环境公共治理丛书

本书为中欧环境治理项目成果（项目编号：EuropeAid/132-005/L/ACT/CN）

本项目成果不代表欧盟观点

公众参与环境保护：
实践探索和路径选择

朱狄敏　著

中国环境出版社·北京

图书在版编目（CIP）数据

公众参与环境保护：实践探索和路径选择/朱狄敏
著. —北京：中国环境出版社，2015.12（2017.10 重印）
（环境公共治理丛书）
ISBN 978-7-5111-2439-5

Ⅰ. ①公… Ⅱ. ①朱… Ⅲ. ①环境保护－研究－中国
Ⅳ. ①X-12

中国版本图书馆 CIP 数据核字（2015）第 137174 号

出 版 人　王新程
责任编辑　周　煜
责任校对　尹　芳
封面设计　彭　杉

出版发行　**中国环境出版社**
　　　　　（100062　北京市东城区广渠门内大街 16 号）
　　　　　网　　　址：http://www.cesp.com.cn
　　　　　电子邮箱：bjgl@cesp.com.cn
　　　　　联系电话：010-67112765（编辑管理部）
　　　　　发行热线：010-67125803，010-67113405（传真）
印　　刷　北京中科印刷有限公司
经　　销　各地新华书店
版　　次　2015 年 12 月第 1 版
印　　次　2017 年 10 月第 2 次印刷
开　　本　787×960　1/16
印　　张　13
字　　数　190 千字
定　　价　45.00 元

《环境公共治理丛书》

指导委员会

总　序

生态文明建设是建设中国特色社会主义的重要内容，事关民生福祉和民族未来，党中央、国务院高度重视生态文明建设，先后出台了一系列重大决策部署，推动生态文明建设取得了重大进展和积极成效。但总体上看我国生态文明建设水平仍滞后于经济社会发展，资源约束趋紧，环境污染严重，生态系统退化，发展与人口资源环境之间的矛盾日益突出，已成为经济社会可持续发展的重大瓶颈制约。

当前，中国正面临环境与发展的新常态，即将到来的"十三五"是实现国家环境保护战略目标的关键时期，要破解发展中遇到的环境问题，既要我们腾笼换鸟，凤凰涅槃，推动经济绿色转型，更要强化国家环境治理体系顶层设计，给出中国环境治理体系和治理能力现代化的方向和路径。

中欧环境治理项目是中欧环境政策对话和欧盟中国战略文件确定的重点项目，项目由欧盟出资 1500 万欧元，支持中国政府在环境公共治理领域开展合作对话，环境保护部作为项目主管单位并授权环境保护部环境与经济政策研究中心承担项目管理与执行工作。项目聚焦环境信息公开、公众参与环境规划与决策、环境司法以及企业环境社会责任四个领域。旨在通过国家层面为中央政府直接提供政策支持，并在地方层面开展创新试点，从而推进中国环境治理体系和治理能力现代化。

作为中欧环境治理项目 15 个地方伙伴关系项目之一——嘉兴模式中的公众参与环境治理及其在浙江的可推广性项目（项目号：

EuropeAid/132-005/L/ACT/CN），由浙江省环境宣传教育中心作为项目主要承担单位，浙江大学、浙江工商大学、英国格拉斯哥大学、英国利兹大学、荷兰国际社会质量协会等作为合作伙伴。项目实施期为 2012 年 9 月至 2015 年 3 月，共计 30 个月。项目通过分析"嘉兴模式"价值、特征，建立一套公众参与环境决策过程的新机制，并将该机制在浙江省或者全国推广。在中外项目执行团队成员的共同努力下，通过中欧互访、调研、讲座、培训、研讨会等形式，加强了中欧双边的合作伙伴关系，并形成了一系列成果，推动了"嘉兴模式"的传播和推广，提交的政策建议报告也为环境保护部和浙江省地方立法作出了贡献。

　　项目结束之际，我们将研究成果整理汇编成 5 册，分别是：《中国环境保护公众参与：基于嘉兴模式的研究》《环境保护公众参与："嘉兴模式"调查报告》《嘉兴模式与浙江省公众参与环境保护的机制构建》《公众参与环境保护：实践探索和路径选择》《环境保护公众参与的国际经验》。这些成果通过中欧学者的合作研究，站在国际、国内两个视角下对"嘉兴模式"进行了全方位的解读，揭示了中国特色社会主义政治体制下，如何改变政府社会管理方式，实现各社会主体之间的利益协调，通过培育社会组织建立政府部门与民间力量的有效互动机制来化解环境利益的冲突，实现政府与公众良性互动的现实途径，这为研究当下中国地方环境协商民主进程和环境治理能力现代化建设提供了范例。

　　由于时间仓促和水平有限，不足之处敬请读者批评指正。

编　者
2015 年 11 月

前　言

自 1992 年联合国环境与发展会议（里约地球峰会）召开以来，国际上达成共识，一致认为广泛的公众参与是有效解决环境问题的不可或缺的元素。加强公众参与环境保护能力的建设成为各国政府鼓励和支持公众合法有效参与到环境保护的工作之一，也是实现环境共同治理的重点环节。

21 世纪以来，环境保护应当从"管理"转到"治理"这一观念在中国逐渐深入人心，各地都在探索通过什么样的机制和路径来达成有效的治理，这些地方实践经验为我们分析社会治理模式提供了宝贵的经验基础，也对达成环境治理的目标开辟了更为广阔的可能性空间。在这些地方实践中，浙江省嘉兴市的公共参与环境治理进程所取得的经验具有突出成效，被一些学者和媒体总结为"嘉兴模式"。2012 年 9 月 4 日 "嘉兴模式"被欧盟的"中欧环境治理项目"（项目号：EuropeAid/132-005/L/ACT/CN）列为研究对象并在浙江省及全国示范推广。

作为项目组的主要成员之一，编者在项目执行过程中深切感受到"嘉兴模式"所具有的系统性、引领性和针对性，它在环保政策制定、公众参与能力建设、参与平台搭建、社会组织培育上都具有开创意义，代表了未来中国环境治理的普遍性发展愿景。为了推进"嘉兴模式"的可持续性与可复制性，我们研究人员有责任将其提炼总结与推广；但同时，编者在推广与指导公众参与的过程中，发现近年来公众参与环境事务的热情日益高涨，但也随之出现盲目参与，过激参与等问题。目前，无论理论上还是实践中都缺少对公众参与环境保护进行系统阐述的专著。本书的写作正是在这样的背景下展开，希望藉此能找到一条适应中国土壤的环境治理实现路径，让公众参与环保事务的方式更加科学规范，参与渠道更加通畅透明，参与程度更加全面深入。

本书立足于现有制度框架，结合 2014 年新修订的《环境保护法》，总结了环保公众参与相关的法律法规、研究论文、典型案例、技术标准以及嘉兴环境治理的实践经验，运用法学、政治学、公共管理等多学科知识，从社会治理理论、协商民主理论、行政法治理论等视角解读不同阶段环保公众参与的特点与做法。

希望本书能帮助您更有效地认识和了解周围的环境信息；更有效地与政府、企业和媒体沟通；更有效地借助行政、法制、媒体舆论等途径发挥公众监督的作用，对环境污染和生态破坏制造者施加压力，督促他们遵守环境法律制度，共同寻求解决环境问题的最佳方案。

朱狄敏

2015 年秋于浙江工商大学

目　录

第一章 公众参与环境保护的基础理论

第一节 公众参与的概念

当今，人们在不同的语义中广泛使用着公众参与这一概念，但在理论上至今并没有形成普遍认可的统一定义。英语中 Public Participation、Citizen Participation、Involvement、Engagement 等词汇都含有公众参与的意思，其中，Public Participation 一词最为常用。①国内外学者在对公众各种参与活动进行深入研究的基础上，形成了基于各种参与活动特点的定义。

目前国内通说认为，公众参与是公众通过直接参与政府或其他公共机构互动的方式，决定公共事务和参与公共治理的过程。公共参与作为环境保护内容的理念，在国际上形成于 20 世纪 70 年代，于 90 年代初传入我国，并逐步兴起。我国关于公众参与的概念正式提出是在 1991 年，当时实施了一个由亚洲开发银行提供赠款的环境影响评价培训项目，随后 1993 年由国家计委、国家环保局、财政部、人民银行联合发布的《关于加强国际金融组织贷款建设项目环境影响评价管理工作的通知》，首次以文件的形式明确要求"公众参与"是环境影响评价工作中的重要组成部分。

公众参与行为具有不同于政府决策行为的基本特征，公众参与行为由参与主体、参与对象和领域、参与形式与途径等内容构成。

---

① 蔡定剑教授认为，Citizen Participation 直译是公众参与，Public Participation 直译是公共参与，Involvement 强调参与的过程，民众能有实质性地参与其中，Engagement 意味着在效果上给予民众一个真实的机会让人们对影响到自身的发展规划或建议发表意见。用"公共参与"只强调参与是个公共过程，而没有参与的主体；用"公民参与"显然不能概括参与的主体，参与的不仅是公民，而应是所有的居民。所以，统一用"公众参与"比较准确，突出了参与的主体是公众，而不是没有"人"的参与。（参见蔡定剑主编：《公众参与：风险社会的制度建设》，法律出版社 2009 年版，第 5 页。）

1. 目的性

参与行为是一种参与者有明确目的的行为，目的性是参与行为的最一般特征。公众参与某一活动是因为这一活动与其利益直接或间接相关，参与就是为了表达和实现自己的利益。

2. 工具性

参与作为公众促进或捍卫其利益的一种手段，通过参与公共事务来实现其参与目的，在参与过程中参与的目的性转化为工具性。

3. 互动性

公众参与双方的互动是参与的核心环节。参与是公众与决策者、管理者、公共机构等的互动过程，公众通过参与具体事务或具体活动与决策者进行交流、沟通和协商对话，表达自己的意见和愿望；决策者听取、考虑、尊重、接受（或不接受）公众的意愿，与公众之间达成"协议"并形成参与结果。因而，参与行为是参与双方的互动行为，只有单方行动而没有互动过程的行为不能称为公众参与。公众参与是公众通过直接与政府或其他公共机构以互动的方式决定公共事务和参与公共治理的过程。

4. 自愿性

公众参与行为必须是自愿的，只有自愿参与，才是真正的参与。参与的自愿性是指参与公众主动参与公共事务和公共活动，通过积极参与来有效影响政府公共政策和决策过程，自愿性是公众参与真实性和有效性的前提基础。

【公众参与在西方】20 世纪后半叶以来，国外的政府、非政府组织和慈善机构等都对吸收市民更加积极地参与到影响他们生活的政策制定过程中充满极大的兴趣。比如在英国，政府从 20 世纪 90 年代开始就特别欢迎并推进治理中更广泛的公共参与。"治理"在此意为决策结构或地方政府中扮演公共服务规划与实施的实体。"参与"是指在这些决策结构或实体中的公民的所有正式介入参与。

治理创新试验已经激活了许多国家的公众介入到政策研讨和影响资源配置中。政策参与领域的内容和方式包括预算、规划、政策对话、工程评估、估计、扶贫政策的监督和评估，以及优先权设定等。

参与决策机制被广为推荐的原因是：（1）这种机制被认为将引致更好的政府决策与更好更多的回应性服务；（2）解决对政治的知觉冷漠；（3）减小社会分化，促进共识形成；（4）构建社会资本，培育更好的市民社会和更强大的社区力量。

第二节　公众参与环境保护的主体

一、参与主体

参与主体是参与行为的表现者和参与活动的实现者，是指谁有权参与和有能力参与。公众参与的主体当然是"公众"，但通常所说的"公众"只是一个笼统的日常术语，而不是准确的法律概念。社会主体中到底有哪些"公众"受到法律的支持，能够以制度形式参与公共事务，归根结底要看法律的具体规定。从我国现行法律规定来看，立法所涉及的"公众"范围较广，包括：公民、个人、专家、法人、其他组织、社会组织、社会团体、单位、行业协会、中介机构、学会、消费者等。由于公众参与领域的广泛性，参与主体具有多样性，在不同领域中对参与主体的表述也不相同，如政治领域的公民参与、群众参与、政党参与，公共行政领域的相对人参与，社会公共治理领域的公众参与、民间组织参与等。下面对公民、公众、居民、专家、社会团体等参与主体的特定内涵进行界定，以便区分地使用这些概念。

1. 公民

公民参与概念中所指的"公民"是一切非政府的公民个体或公民团体行为者。就公民个人而言，现代社会中的公民有明确的法律界定，是指具有一国国籍、根据该国宪法和法律规定享有权利和承担义务并受该国法律约束和保护的自然人。

公民与人民的概念略有差异。公民是描述国家与社会关系的权利分配时的概念，是法律概念在政治学中的运用，而人民是一个政治概念。在现实政治中，可以找到人民的代表而不能找到人民的个体，而公民这一概念既可以是整体概念，也可以在个体上进行运用。公民参与的主要目的是实现政治权利，公民参与在实质上就是政治参与。公民参与是公民自愿地通过各种合法方式参与政治生活的行为，公民参与的范围包括建立在个体认同社会公共利益基础上试图影响公平分配资源的活动和以保障本身权利为目的试图影响权利分配的行动，公民参与的内容包括参与政治生活、影响政治决定、分享公共政策制定过程等。

2．公众

公众参与的主体是公众，就一般意义而言，"公众"是一个国家、社会或地区中基于共同利益，或共同兴趣，或关注某些共同问题的社会大众或群体。"公众"有狭义与广义之分，狭义的公众是指普通大众，广义的公众包括社会团体、企业、社会组织和个人。尽管"公众"不是一个科学概念，但是，在一些关涉到一定区域的全体社会成员的共同利益的问题上，公众往往又是被作为一个确定的群体来看待。公众是一个外延较为广泛的概念，大致包括个人、企业、非政府组织等"社会主体"，主要是与以政府为代表的"公"主体相区别而言的。

尽管公民是公众的最基本的构成部分，但公众概念并不等同于公民概念，尤其是环境保护、社区治理等公共活动中的"公众"还包括并不具有公民资格的人群，如外国人、无国籍人，也包括企业和其他社会组织。"公众"概念外延的不确定性，为研究社会参与、基层参与等内容广泛的公共活动时以"公众"作为参与主体进行限定来准确地表达这些活动的涵义和特征提供了便捷。但是，由于具体公共事务内容的差异，在具体参与领域"公众"的内涵不完全相同，人们在使用公众概念时通常是指公众中的一部分人或者组织。例如，在环境保护领域，有时也常把大企业等经济力量优势者作为与公众相对的另一方，原因在于环境事务中的公众概念更加强调利益的被动性、受侵害性和力量弱小性。因而，越来越多的环境法律文件开始使用公众概念[①]。同时，由于环境决策和环境事务管理的特殊性，只有使用公众这一概念才能准确表述环境法律所关注问题的目标和范围。再如，

---

① 1991年2月25日，联合国在芬兰缔结的《跨国界背景下环境影响评价公约》首次尝试了在国际环境法中对"公众"一词进行界定，规定"公众是指一个或一个以上的自然人或者法人"。1998年欧洲部长会议签订的《奥胡斯公约》第2条第4项规定，"公众是指一个或一个以上的自然人或者法人，根据各国立法和实践，还包括他们的协会、组织或者团体"。此外，各国环境立法也广泛使用"公众"这一概念，如美国环境质量委员会关于实施美国国家环境政策法的条例、加拿大环境影响评价法、日本环境影响评价法、俄罗斯环境影响评价条例、我国环境影响评价法等均使用了"公众"概念。

社区基层治理活动中的参与主体——"公众"就具体化为主要是村民和居民。村民和居民是社会的基本成员，村民参与村民自治组织中各项事务，居民参与城镇社区治理中的各项活动，他们愿意以个人身份参与社区治理活动而成为社会参与的基本主体。

3. 居民

居民是公众参与的重要主体，在某种程度上甚至可以说是最重要的主体。但要注意的是，能够参与特定公共决策的"居民"的范围是有条件的，即必须是在公共行政行为发生地并且权益受到直接影响的居民，而不是不限地域的所有民众，故有些立法中又用"相关公众"一词来指代。同时，居民不完全等同于"个人"，位于公共行政行为发生地、其合法环境权益遭受直接影响的"单位"或"其他组织"也应被视为"居民"的一部分，享有参与权。

4. 专家

现代社会是技术发达且结构复杂的风险社会，很多公共事务本身具有高度的科技背景和专业要求，公共决策离不开专业人士的意见和建议，要完善专家咨询制度，建立健全公众参与、专家论证和政府决定相结合的行政决策机制，对全面推进依法行政、提高公共决策的科学性具有重要意义。例如，在我国的环境决策活动中，我国环境法非常注重发挥专家的作用，多部法律法规都把专家的参与和论证作为环境决策和立法的必经程序或重要阶段。在环境影响评价中，在规划环评、项目环评中都要征求专家意见，规划环境影响报告书的审查小组中也必须要有专家代表。环评中的专家意见具有较强的话语权，如果不予采纳，必须要在文件中予以说明。正因为专家的重要性，环保部专门出台了《环境影响评价审查专家库管理办法》，规定由环保部门设立"专家库"并进行管理，对入选专家的条件、方式、程序、管理方式、权利、义务、责任等都作了详细规定。在立法领域，《全面推进依法行政实施纲要》提出要"改进政府立法工作方法，……实行立法工作者、实际工作者和专家学者三结合，建立健全专家咨询论证制度。"《行政法规制定程序条例》、《规章制定程序条例》、《环境保护法规制定程序办法》等都分别规定有专家参与的条款。专家参与法案制定与论证已成为我国立法工作的常态。

5. 社会组织

民间组织是我国特有的概念，是指那些由民间力量举办、为社会提供服务、不以营利为目的的社会组织。在国外，民间组织被称为非政府组织（NGO）或者非营利组织（NPO）、第三部门等。民间组织具有组织性、民间性、自主性和非营利性等特征。在我国，社会团体、民办非企业单位和基金会是民间组织的重要构成部分，这些组织由民政部门登记管理和业务部门管理。此外，在工商管理部门登记或暂未登记的一些公益性组织，如环保组织"自然之友"、"地球村"等，也属于民间组织。社会团体是人们基于共同利益或兴趣爱好而自愿组成的一种非营利性社会组织，是公众参与公共事务的重要组织形式和参与公共事务的场所。它们在一些公共服务中扮演着重要角色。社会组织的参与活动在弥补"市场缺陷"和"政府失灵"、减轻政府负担、提高公共物品的供给效率、支持弱势利益和群体等方面发挥重要作用。社会团体在政府与民众之间起着沟通桥梁作用，激励民众积极关心和参与社会事务，是社会公众利益的代言人。

环保 NGO 是指以环境保护为宗旨的非营利性社会组织。环保 NGO 是社会组织的一种，按照我国法律的规定，属于"社会团体法人"，但其与一般社会团体、法人、单位相比，具有更强的环保目的、更坚决的环保立场和更丰富的环保知识，是环境保护公众参与的中坚力量，故应将其视为一种独立的"公众"类型。《环境保护法》、《水污染防治法》中规定的可以支持因污染受到损害的当事人向人民法院提起诉讼的"有关社会团体"主要即为环保 NGO。在环境立法、环境规划、环境影响评价等活动征求"社会公众"意见时，环保 NGO 可作为"公众"的一员参与其中，表达意见。

二、环境保护领域中的公众、所涉公众与核心公众

《奥胡斯条约》第二条"定义"篇区分了"公众"与"所涉公众"。"公众"指一个或多个自然人或法人以及按照国家立法或实践兼指这种自然人或法人的协会组织或团体；"所涉公众"指正在或可能受环境决策影响或在环境决策中有自己利益的公众。为本定义的目的倡导环境保护并符合本国法律之下任何相关要求的非

政府组织应视为有自己的利益。

参与环境保护的"公众"主要指"所涉公众"，可以是单位，也可以是个人，如居住在项目环境影响范围内的个人，受项目施工影响的单位，相关研究机构的专家，合法注册的环保组织等。

在环境影响评价领域，公众的范围又有所不同。根据《环境影响评价技术导则—公众参与》[①]，"公众"从广义上是指"建设项目的利害关系人"，即受建设项目影响或可以影响建设项目的单位或个人；从狭义上是指所有直接或间接受建设项目影响的单位和个人，但不包括直接参与建设项目的投资、立项、审批和建设等环节的利益相关方；最狭义的角度上，仅指环境影响评价涉及的"核心公众群"，即主要的利益相关方。

（一）建设项目的利害关系人

建设项目的利害关系人包括：

1）受建设项目直接影响的单位和个人。如居住在项目环境影响范围内的个人；在环境影响范围内拥有土地使用权的单位和个人；利用项目环境影响范围内某种物质作为生产生活原料的单位和个人；个人和建设项目实施后，因各种客观原因需搬迁的单位和个人；

2）受建设项目间接影响的单位和个人。如移民迁入地的单位和个人；拟建项目潜在的就业人群、供应商和消费者；受项目施工、运营阶段原料及产品运输、废弃物处置等环节影响的单位和个人；拟建项目同行业的其他单位和个人；相关社会团体或宗教团体；

3）有关专家。特指因具有某一领域的专业知识，能够针对建设项目某种影响提出权威性参考意见，在环境影响评价过程中有必要进行咨询的专家；

4）关注建设项目的单位和个人。如各级人大代表、各级政协委员、相关研究机构和人员、合法注册的环境保护组织；

5）建设项目的投资单位或个人；

6）建设项目的设计单位；

7）环境影响评价单位；

---

① 国家环境保护标准，《环境影响评价技术导则　公众参与》（HJ 2.1—2011），2011 年 9 月 1 日。

8）环境行政主管部门；

9）其他相关行政主管部门。

（二）环境影响评价中的狭义"公众"

环境影响评价中的狭义"公众"包括：

1）受建设项目直接影响的单位和个人；

2）受建设项目间接影响的单位和个人；

3）有关专家；

4）人大代表和政协委员。

（三）环境影响评价涉及的"核心公众群"

环境影响评价涉及的"核心公众群"包括：

1）受建设项目直接影响的单位和个人；

2）有关专家；

3）项目所在地的人大代表和政协委员。建设项目环境影响评价应重点围绕主要的利益相关方（即核心公众群）开展公众参与工作，保证他们以可行的方式获取信息和发表意见。

第三节　公众参与环境保护的形式

公众参与有多种不同的形式，听证会、座谈会、论证会、讨论会和公开征求意见等是传统的公众参与形式，随着信息技术和网络技术的发展，公众参与的形式也在不断增加，如电视辩论、网络论坛、手机短信、通过信函和电子邮件等方式征求意见，等等。

公众参与环境保护手段的合法性，要求通过法律明确规定公众参与的方式手段、参与程度、参与程序及参与效力，依法对公众参与行为进行引导和规范。《环境影响评价法》规定，对环境可能造成重大影响的建设项目，建设单位应当在报批建设项目环境影响报告书前"举行论证会、听证会，或者采取其他形式，征求有关单位、专家和公众对环境影响报告书草案的意见"。《行政许可法》规定对涉及公共利益的重大环境项目、环境行政许可申请人或利害关系人申请举行听证的，环境行政机关必须主持召开听证会。《环境保护法》第6条规定，"一切单位和个人都有保护环境的义务，并有权对污染和破坏环境的单位和个人进行检举和控告"。最为重要的是2015年7月13日颁布的《环境保护公众参与办法》第4条明确，"通过征求意见、问卷调查，组织召开座谈会、专家论证会、听证会等方式征求公民、法人和其他组织对环境保护相关事项或者活动的意见和建议。"具体而言公众参与的形式主要有：

1. 听证会

听证（public hearing）是指政府部门在做出直接涉及公众利益的公共决策时，应当听取利害关系人、社会各方及有关专家的意见，以实现良好治理的规范性程序设计。听证最初是作为司法审判活动的必经程序而使用的，被称为"司法听证"，后来逐渐为立法所吸收，在立法领域进行听证。到20世纪晚期，听证正式运用到行政领域，并且获得了长足的发展。听证是为公众提供陈述意见的机会和利益表达的途径，是保障当事人享有的自我保护性权利实现的制度设计。听证制度通过政府部门与公众代表之间的质证和辩论，使双方对事实的认识得以交流，使公众有机会表达自己的愿望和要求，政府有可能采纳和吸收公众的意愿，从而有利于实现相互理解、信任和协作，它是科学立法和民主决策的重要形式。

《环境保护公众参与办法》明确了听证会的基本要求，即法律、法规规定应当听证的事项，环境保护主管部门应当向社会公告，并举行听证。环境保护主管部门组织听证应当遵循公开、公平、公正和便民的原则，充分听取公民、法人和其他组织的意见，并保证其陈述意见、质证和申辩的权利。除涉及国家秘密、商业秘密或者个人隐私外，听证应当公开举行。

2. 座谈会、论证会

座谈会、论证会也是一种重要的听取公众意见的方式。我国的《立法法》、《行政法规制定程序条例》和《规章制定程序条例》都将这两种方式作为听取公众对行政立法意见的方式之一。在行政决策过程中这两种方式也经常得到运用。座谈会在我国是一种传统的政府听取民意的方式，在日常政治生活中被政府广泛使用。

座谈会形式是我国民众广泛熟悉的一种政府与公民交流形式，因此，采用座谈会形式听取公众对行政立法和决策的意见是一种比听证会更加有效的手段。论证会是邀请有关专家对立法草案内容和决策的必要性、可行性和科学性进行研究论证，作出评估。

《环境保护公众参与办法》明确了座谈会、论证会的基本要求，即环境保护主管部门拟组织召开座谈会、专家论证会征求意见的，应当提前将会议的时间、地点、议题、议程等事项通知参会人员，必要时可以通过政府网站、主要媒体等途径予以公告。参加专家论证会的参会人员应当以相关专业领域专家、环保社会组织中的专业人士为主，同时应当邀请可能受相关事项或者活动直接影响的公民、法人和其他组织的代表参加。

3. 问卷调查

问卷调查是获知公众意见的一种常见方式。通过科学设计的问卷，在相关公众中随机调查，能够大致获知公众的普遍倾向，是现代社会一种常用的社会调查方法。在规划、建设项目环境影响评价中，问卷调查是公众参与的基本形式。如《规划环境影响评价条例》第 6 条规定：规划编制机关对可能造成不良环境影响并直接涉及公众环境权益的专项规划，应当在规划草案报送审批前，采取调查问卷等形式征求公众意见；第 26 条规定：规划编制机关对规划环境影响的跟踪评价，应当采取调查问卷等形式。

《环境保护公众参与办法》明确了问卷调查的基本要求，即环境保护主管部门拟组织问卷调查征求意见的，应当对相关事项的基本情况进行说明。调查问卷所设问题应当简单明确、通俗易懂。调查的人数及其范围应当综合考虑相关事项或者活动的环境影响范围和程度、社会关注程度、组织公众参与所需要的人力和物力资源等因素。

4. 公开征求意见

公开征求意见作为一种听取民意的方式有巨大空间。在实践中，政府经常采用各种途径公开征集意见。发放意见征询表、召开座谈会、听证会、专家咨询会是环境影响评价公众参与的主要形式。如《水污染防治法》、《环境噪声污染防治法》中均规定，"应当听取该建设项目所在地单位和居民的意见"。《环境影响评价法》对咨询意见的方式作了统一规定，该法第 11 条、第 21 条规定"举行论证会、听证会，或者采取其他形式，征求有关单位、专家和公众"的意见。问卷调查是社会调查的一种，可以用访谈、通信、问卷和电话等方式进行调查。公开征求意见必须认真对待公众意见，决策者应当对不同利益诉求进行考虑，其决策结果必须让公众满意。

《环境保护公众参与办法》明确了公开征求意见的基本要求,，即环境保护主管部门向公民、法人和其他组织征求意见时，应当先公布以下信息：（一）相关事项或者活动的背景资料；（二）征求意见的起止时间；（三）公众提交意见和建议的方式；（四）联系部门和联系方式。公民、法人和其他组织应当在征求意见的时限内提交书面意见和建议。

5. 利用大众传播媒体和现代通信手段征求意见

公众参与公共政策制定以及公共事务讨论，需要有发表意见的场所和讨论问题的平台。报刊，尤其是广播电视媒介的出现，使更多的人可以关注公共事件。互联网的诞生，不但使公众视野进一步扩大，而且更易发表自己的观点和意见，参与到公共事件的讨论中。当这种讨论积聚到一定程度，便会形成舆论压力，能够迫使权力机构修正原有决策或制定新的政策，通过大众传媒关注问题、表达意愿、影响决策，是当前最常见的公众参与方式，也是公民行使知情权、表达权、参与权、监督权的重要途径。

根据《环境保护公众参与办法》，公众参与环境保护的基本流程，如图 1-1。值得注意的是，该办法明确了公众参与并不只是征求意见建议，还包括一系列后续流程，首先，环境保护主管部门应当对公民、法人和其他组织提出的意见和建议进行归类整理、分析研究，在作出环境决策时予以充分考虑，其次，对于公众意见建议的采纳情况，应当以适当的方式反馈公民、法人和其他组织。这些规定保证了公众参与的实效性。

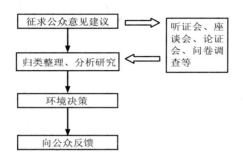

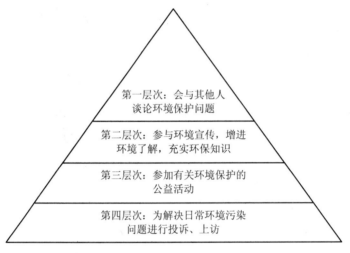

图 1-1　环境保护公众参与的基本流程

此外，公众参与按照参与程度不同可以分成四个层次，如图 1-2 所示：

第一层次：会与其他人
谈论环境保护问题

第二层次：参与环境宣传，增进
环境了解，充实环保知识

第三层次：参加有关环境保护的
公益活动

第四层次：为解决日常环境污染
问题进行投诉、上访

图 1-2　公众参与程度

公众参与的"基本法"：《环境保护公众参与办法》

　　《环境保护公众参与办法》是自新修订的《环境保护法》实施以来，首个对环境保护公众参与做出专门规定的部门规章，作为新修订的《环境保护法》的重要配套细则，将于 2015 年 9 月 1 日起正式施行。

　　推动公众依法有序参与环境保护，是党和国家的明确要求，也是加快转变经济社会发展方式和全面深化改革步伐的客观需求。该《办法》的出台的有利于切实保障公民、法人和其他组织获取环境信息、参与和监督环境保护的权利，畅通参与渠道，规范引导公众依法、有序、理性参与，促进环境保护公众参与更加健康地发展。

《办法》起草过程充分听取了社会各界，包括专业人士和普通公众的意见建议，从制定本身开始就贯彻公众参与、民主决策的原则。《办法》共20条，主要内容依次为：立法目的和依据，适用范围，参与原则，参与方式，各方主体权利、义务和责任，配套措施。具有以下亮点：

一是原则依据强。《办法》以新修订的《环境保护法》第五章"信息公开和公众参与"为立法依据，吸收了《环境影响评价法》、《环境影响评价公众参与暂行办法》、《环境保护行政许可听证暂行办法》等有关规定，参考了我部过去出台的有关文件和指导意见，借鉴了部分地方省市已经出台的有关法规、规章，较好地反映了我国环境保护公众参与的现状，制定的各项内容切合实际，具有较强的可操作性。《办法》强调依法、有序、自愿、便利的公众参与原则，将全面依法治国与全面加强环境社会治理有机结合，努力满足公众对生态环境保护的知情权、参与权、表达权和监督权，体现了社会主义民主法制的参与机制。

二是参与方式广。《办法》明确规定了环境保护主管部门可以通过征求意见、问卷调查，组织召开座谈会、专家论证会、听证会等方式开展公众参与环境保护活动，并对各种参与方式作了详细规定，贯彻和体现了环保部门在组织公众参与活动时应当遵循公开、公平、公正和便民的原则。近年来，公众参与环境事务的热情日益高涨，但也随之出现盲目参与、过激参与等问题，《办法》的出台，让公众参与环保事务的方式更加科学规范，参与渠道更加通畅透明，参与程度更加全面深入。

三是监督举报实。《办法》支持和鼓励公众对环境保护公共事务进行舆论监督和社会监督，规定了公众对污染环境和破坏生态行为的举报途径，以及地方政府和环保部门不依法履行职责的，公民、法人和其他组织有权向其上级机关或监察机关举报。为调动公众依法监督举报的积极性，《办法》要求接受举报的环保部门，要保护举报人的合法权益，及时调查情况并将处理结果告知举报人，并鼓励设立有奖举报专项资金。通过这些详细措施，《办法》将监督的"利剑"铸实、磨快并交予公众，建立健全全民参与的环境保护行动体系。

四是保障措施多。《办法》强调环保部门有义务加强宣传教育工作，动员公众积极参与环境事务，鼓励公众自觉践行绿色生活，树立尊重自然、顺应自然、保护自然的生态文明理念，形成共同保护环境的社会风尚。《办法》还提出，环保部门可以对环保社会组织依法提起环境公益诉讼的行为予以支持，可以通过项目资助、购买服务等方式，支持、引导社会组织参与环境保护活动，广泛凝聚社会力量，最大限度地形成治理环境污染和保护生态环境的合力。

在当前生态环境保护的新形势下，《办法》的出台恰逢其时，为环境保护公众参与提供了重要的制度保障，进一步明确和突出了公众参与在环境保护工作中的分量和作用。《办法》从顶层设计上统筹规划，全面指导和推进全国环境保护公众参与工作，对缓解当前环境保护工作面临的复杂形势、构建新型的公众参与环境治理模式、维护社会稳定、建设美丽中国具有积极意义。

第四节　公众参与环境保护的范围

公众以"何种方式"参与"哪些环境事务"，是环境保护公众参与制度的核心要素，我国环境法律法规对环境保护公众参与范围、参与途径作了明确规定，比如《环境保护公众参与办法》第 2 条明确了公众参与的范围是环境保护公众事务，包括参与制定政策法规、实施行政许可或者行政处罚、监督违法行为、开展宣传教育等活动。根据国际通说，公众参与环境保护的权利是一个"权利束"，其具体内容包括公众环境监督权、环境知情权、环境立法参与权、环境影响评价参与权、环境决策参与权和环境诉权[①]。从公众参与环境保护的实际情况来看，立法、公共决策、城市规划、环境保护、公共事业管理和基层治理等是公众参与最为普遍的领域和事项。

上述支撑公众参与环境保护的各项权利在我国现行法制中多有体现，这些权利领域也就构成了公众参与环境保护的范围：

1. 环境信息公开领域对应的是环境知情权

即公众知悉和获取相关环境信息的权利。以国务院 2007 年公布的《政府信息公开条例》为依据，2007 年国家环境保护总局公布的《环境信息公开办法（试行）》对政府环境信息公开和企业环境信息公开的范围、方式和程序作了具体规定，国家环境保护总局 2006 年公布实施的《环境统计管理办法》第 24 条规定各级环境

[①]我国新修订的《环境保护法》第 53 条也第一次明确承认公民享有的环境权包括环境知情权、环境参与权和环境保护监督权。

保护行政主管部门的"环境调查结果应当纳入环境统计年报或者其他形式的环境统计资料,统一发布",《国务院关于落实科学发展观　加强环境保护的决定》、《国家突发环境事件应急预案》等文件中也提出要实行环境质量公告制度,及时发布污染事故信息,为公众参与创造条件。此外还有其他一些环保配套规章和办法。

2. 环境立法领域对应的是政策法规制定中的公众参与权

我国《立法法》第 5 条作了概括性规定:"立法应当体现人民的意志,发扬社会主义民主,保障人民通过多种途径参与立法活动。"该法第 58 条规定:"行政法规在起草过程中,应当广泛听取有关机关、组织和公民的意见。"国家环境保护总局 2005 年公布实施的《环境保护法规制定程序办法》具体规定了环境保护法规在起草阶段和审查过程中听取有关机关、组织和公民意见的事项。目前我国立法有关公众环境决策参与权的直接规定不多,现有环境法律主要通过规定建设单位、环境影响评价机构以及环境保护部门为公众参与提供法律通道的义务来间接确立公众参与环境决策的权利,如《可再生能源法》第 9 条规定:"编制可再生能源开发利用规划,应当征求有关单位、专家和公众的意见,进行科学论证。"

3. 环境影响评价参与权

这是我国现有法制中规定得最为丰富的一项权利,这项权利在 1998 年国务院发布实施的《建设项目环境保护管理条例》中出现时,其主体仅限于"建设项目所在地有关单位和居民"。但众所周知,环境影响具有波及性和扩散性,高速公路、铁路的选址关乎全国各地出行者的利益,在河流上游筑坝不当会殃及整个流域的生产、生活和生态利益。在吸收各界意见的基础上,2003 年施行的《环境影响评价法》较前有了很大进步,该法第 5 条规定:"国家鼓励有关单位、专家和公众以适当方式参与环境影响评价。"2006 年国家环境保护总局公布实施的《环境影响评价公众参与暂行办法》对公众参与的原则、范围、形式作了明确规定。

地方法规、地方规章在国家法律的基础上,往往有了更为细化、更为创新性的规定,以《浙江省建设项目环境保护管理办法》为例:根据项目对环境的影响程度不同,相应地对公众参与影响评价的广度和深度要求是否应有所不同?国家层面的法律法规对此是缺失的,《浙江省建设项目环境保护管理办法》就做出了细化规定，其第 14 条规定：可能对环境造成重大影响的，相关主体应当主动以组织召开论证会、听证会的形式进行公众调查，并征求有关专家的意见；可能不会对环境造成重大影响的，则仅要求接受公众对建设项目有关情况的问询。具体情况具体对待，保证实践中的可操作性，既有效率又符合公平原则。

环境影响评价中，征询公众意见是个很重要的程序，但具体如何操作在国家法律法规中是规范不足的。对此，《浙江省建设项目环境保护管理办法》对征询的人员组成、具体人数和程序作出了细化，其第 14 条：按照本办法第十二条规定开展公众调查的，可以采用调查问卷或者召开座谈会、论证会、听证会等方式。采用调查问卷方式的，建设项目环境影响评价区域范围内的团体调查对象不得少于 20 家，个人调查对象不得少于 50 人；团体调查对象少于 20 家、个人调查对象少于 50 人的，应当全部列为调查对象。采用召开座谈会、论证会、听证会等方式的，应当通过媒体或者其他方式发布会议告示，并邀请社会团体、研究机构、有关环境敏感区的管理机构、学校、村（居）民委员会等有关单位、个人参加。

4．环境监督领域对应的是公众环境监督权

我国《宪法》第 2 条第 3 款规定：人民依照法律规定，通过各种途径和形式，管理国家事务和社会事务。该规定从根本法的高度确认了公众参与国家事务和社会事务管理权，为环保部门法细化公众参与环境保护的具体权能提供了纲领性依据。《宪法》第 41 条规定："中华人民共和国公民对于任何国家机关和国家工作人员，有提出批评和建议的权利；对于任何国家机关和国家工作人员的违法失职行为，有向有关国家机关提出申诉、控告或者检举的权利，但是不得捏造或者歪曲事实进行诬告陷害。"作为我国环境基本法的《环境保护法》第 57 条规定："公民、法人和其他组织发现任何单位和个人有污染环境和破坏生态行为的，有权向环境保护主管部门或者其他负有环境保护监督管理职责的部门举报。"我国《水污染防治法》、《固体废物污染环境防治法》、《放射性污染防治法》、《大气污染防治法》、《海洋环境保护法》、《环境噪声污染防治法》、《土地管理法》、《野生动物保护法》、《草原法》、《水土保持法》以及国务院《医疗废物管理条例》、《风景名胜区条例》、《退耕还林条例》等环境法律、法规也都规定了各自领域的公众检举、揭发、控告环境违法行为的权利。

5. 环境诉讼领域对应的是公众环境诉权

环境诉讼包括民事诉讼、行政诉讼和刑事诉讼三大领域，或者分为公益诉讼与私益诉讼两大类。我国现行立法《民事诉讼法》、《环境保护法》、《侵权责任法》明确规定了公众环境诉权，实践中除了公民以利害关系人身份提起环保侵权之诉外，社会组织开始提起环境公益诉讼案件。

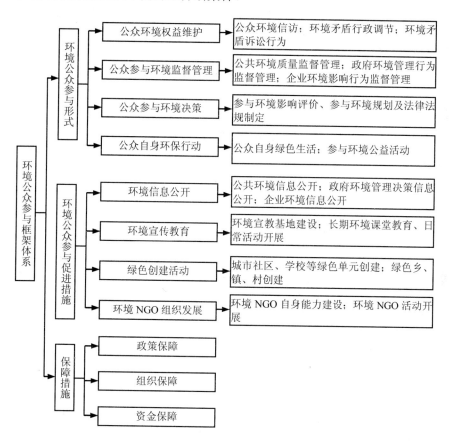

图 1-3　环境公众参与的范围及其框架体系

以上所言之公众参与范围都有全国性的法律或法规依据。除此之外，各省、市有关环保公众参与的地方法规、地方规章，进一步强化了生态建设和环境保护的法制保障。以浙江省为例，2000 年以来浙江省先后颁布了《浙江省核电厂辐射环境保护条例》、《浙江省大气污染防治条例》、《浙江省海洋环境保护条例》、《浙江省固体废物污染环境防治条例》等地方性法规，出台了《浙江省建设项目环境保护管理办法》、《浙江省排污费征收使用管理办法》、《浙江省自然保护区管理办法》、《浙江省环境污染监督管理办法》等政府规章，形成了一个相对比较完善的地方环保法规体系。而河北省人大常委会于 2014 年 11 月 28 日通过的《河北省环境保护公众参与条例》，成为全国首部公众参与环境保护综合性地方法规。山西、沈阳、昆明等省市相继出台了关于环境保护公众参与的条例或其他形式的法规，对本省（市）公众参与的范围、形式、内容、程序等方面做出详细规定，使公众参与更加规范化、制度化、理性化，也为《环境保护公众参与办法办法》这部国家层面环境保护公众参与法规的出台，提供了重要的参考和借鉴价值。

第五节　公众参与环境保护的意义

公众参与环境保护的价值功能是公众在环境保护中所承担的角色、发挥的作用和影响的综合体现。无论从参与者个体角度来看，还是从社会角度分析，公众参与环境保护都具有重要的功能意义，具体体现在以下几个方面：

1. 促进环境利益表达

"所谓利益表达，是公民或社会组织通过各种非法或合法的政治途径表达自身利益或社会利益的活动"。[①]　利益表达是公民或社会组织为了达到所争取利益的目的而采取的施加压力的方式，"利益需求的主观性与利益满足的客观性决定了人们必须参与政治，而社会资源的有限性又决定了公民必须通过利益表达去争取"。[②]公众环境参与也是同样的道理。公众参与环境保护能够表达自己对环境公共事务的愿望、意见和利益诉求，在社会利益的权威分配中能够维护自己的环境权益。由于环境资源的有限性，公众要实现环境利益的最大化，必须积极参与环境管理和环境公共事务并在其中积极表达利益诉求，这样才有可能维护和实现自己的环境权益。公众只有通过参与把利益诉求充分表达出来，才能引起决策者对其所在

---

① 魏星河等：《当代中国公民有序政治参与研究》，人民出版社 2007 年版，第 110 页。
② 魏星河等：《当代中国公民有序政治参与研究》，人民出版社 2007 年版，第 112 页。

群体、阶层权利和自由的重视和考虑，才能为自我发展创造条件。可见，环境参与既是公众环境利益表达的途径和载体，又是合理有效配置环境资源、最大限度地满足社会各方环境利益要求的运行机制。公众的积极参与使不同主体的环境利益得到有效诉求，环境保护就会有源源不断的动力，环境质量就会得到改善提高。

2. 监督环境公共权力

公众参与是一种广泛而有力的社会监督，可以有效防止公权力的滥用。公众参与环境保护是对公权力部门行使环境决策权力与管理权力的必要监督。公众参与构成对政府环境部门的监督和制约，促进政府环境行政和环境公共政策质量的改进，提高政府环境决策的科学性和民主性，降低政策执行的成本和阻力。否定公众的环境参与权，公权力就有可能成为政府官员获取个人私利的工具。环境污染者贿赂公众的成本远远大于贿赂官员的成本，与污染者相比，公众难以形成贿赂政府的统一的集体行动；加之，行政机关在环境管理中有很大的自由裁量权，存在着行政机关滥用执行权力的可能性。环境法律赋予环境违法行为的受害人或环境团体有向司法机关提起环境诉讼的权利，对于污染者、对没有履行或不正当履行环境管理职责的行政机关都是有力的制约和监督。因此，公众参与环境保护意味着用公众的参与权利来制约监督环境公共权力，使之更好地为公众服务，使公共权力始终以维护和实现公共环境利益为价值取向。

3. 保障公共环境利益

公众参与环境保护与政府的环境管理二者追求的目标在理论上应当是一致的，即都是以维护和实现公共环境利益为目标。公众参与意味着公众有机会或有可能与环境管理机关和政府官员平等商议和制定环境政策、讨论环境规划等，使公众的环境参与权真正得到落实；同时，公众参与能够有效汇聚社会公众的公共需求信息，使政府所代表的公共利益更具有代表性和回应性。因此，公众参与环境保护在实现自身环境权益的同时，对公共环境利益也起着保护作用和维护功能。

4. 影响环境权益公平

如前所述，公众参与环境保护是人们表达自己对环境公共事务的愿望、意见和利益诉求，在社会利益的权威分配中能够维护其环境权益，最终达到环境公平、实现环境正义。环境公平正义包含了所有人均享有安全、健康、富有生产力和可持续的环境的权利。人们通过公众参与和增强个人与群体能力的方式来行使这些权利，并根据个体和群体的需要得以维护、实现和尊重。环境公平要求环境利益和风险在不同个人和人群之间的分配要公平，环境破坏的责任应当与环境保护的义务相对称，环境保护的成果要公平分配。公众参与有利于实现环境权益的公平分配和社会利益结构的重新组合，使受公共权力影响的公众环境利益在环境决策中得到维护，促进环境权益公平正义。

5. 形成环境支持合作意识

参与的过程就是学习的过程，正如"公民通过政治参与可以学习如何发挥自己的政治作用，变得关心政治，增强对政治的信赖感，并感到自己是社会的一员，正在发挥着正确的政治作用，从而得到一种满足感"。[①]公众参加环境宣传教育、参与环保社团活动可以提高环境责任意识，形成关心环境、保护环境的理念；参加环境听证、参与环境影响评价等活动，有利于提升公民的民主意识和参与精神，促进整个社会环境保护水平的提高。公众自觉主动参与环境保护，有利于公众对所关心的环境问题与政府部门、企业达成共识，在不同利益主体之间形成环境合作意识。公众参与对环保政策、环境保护决策有积极意义，不仅可以保证环境政策和决策的民主化、科学化，而且可以减少政策实施过程中的阻力，弥补政府环境管理能力的不足，有效动员社会力量参与环境保护事业。

专栏1　公众参与的程序价值：基于杭州九峰事件的思考

目前不少城市推出了许多"民生工程"，但由于政府部门长期拘泥于"管理"思维模式，不注重、不善于依靠公众力量来共同推进民生项目，忽视公众参与的程序价值，结果事与愿违，民生工程成了"民怨工程"。2014年启动的杭州九峰垃圾焚烧项目就是一个典型案例。

---

① [日]蒲岛郁夫：《政治参与》，解莉莉译，经济日报出版社1989年版，第118页。

（一）建设九峰垃圾焚烧项目的背景

从客观形势分析，政府推动这一项目的理由应该说比较充足：

理由1：现有垃圾处理场已超负荷。

近年来，杭州市区垃圾年增长率在10%上下，2013年，杭州市区生活垃圾处理量达308万吨，日均8 456吨。天子岭垃圾填埋场设计规模2 671吨/日，2014年最高日填埋量已达5 408吨，超出设计能力1倍以上；若仍无新增垃圾末端处置能力，预计只能再用5年。新建垃圾焚烧厂已经迫在眉睫，刻不容缓。

理由2：目前垃圾焚烧方式已十分成熟。

焚烧处理是住建部推荐的垃圾处理的主要方法之一，垃圾焚烧是目前国内外应用比较成熟的技术，能够有效实现生活垃圾的减量化、无害化和资源化。

理由3：垃圾焚烧项目选址也科学合理。

根据《杭州市环境卫生专业规划修编（2008—2020年）修改完善稿》，杭州市的垃圾处置分成"东西南北中"5个区块。目前，西部片区只有一家垃圾焚烧厂，但由于建设时间比较早、城西人口数量与日俱增，现在已处于超负荷状态，处理能力跟不上城西区块的垃圾产生量，且无地扩建。因此，急需新建一个垃圾焚烧厂。九峰垃圾焚烧发电厂拟建址原先是一个矿坑，在山谷里，离居民区相对比较远，是西部片区内相对合适的一个位置。

（二）"九峰项目"是怎样演变为"九峰事件"的？

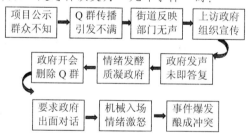

然而这么好的项目，为何最后会演变为举世震惊的群体性事件呢？简言之，事件经过了如下环节的发酵：

项目公示，群众不知。2014年，《杭州市环境卫生专业规划修编（2008—2020年）修改完善稿》正在市规划局网站上公示，其中提到，余杭区九峰周边规划新建一个日焚烧3 000吨的垃圾焚烧厂项目，这个项目现在处在选址论证阶段，公示期为3月29日到4月27日。按规定，这次公示属于对该规划项目的第一次公示。一个项目建设前期可行性研究完成后，还要经过包括选址、环境影响评价等核准阶段才能开工建设。

Q群传播，引发不满。尽管项目仍处于选址论证阶段，但这个"敏感"的项目公告，首先是让邻近的闲林街道的"环保维权人士"发现的。并通过"QQ群"传播了第一个关于建垃圾焚烧场的信息。

这迅速引发村民的不满情绪：为什么要建一个焚烧厂，为什么选址杭州西部，垃圾焚烧排出来的废气和废水，会不会影响当地居民生活？ "QQ群"从4月17、18日开始发酵，基本上以每小时增加300人的速度迅速扩大。到19日以后，QQ群里已经无法控制，有不少环保人士和不明真相的群众参与其中，达到上万人。4月20日还组织了"万人签名"抵制垃圾焚烧场，说"垃圾焚烧场亚洲最大，跟毒气弹一样的"。四五天时间，已有两万多人参与签名活动。

政府发声，未即答复。4月24日，杭州城区居民以及周边村村民到市里上访，向杭州市规划局提交了一份2万多人反对九峰垃圾焚烧发电厂的联合签名，以及52人要求对《杭州市环境卫生专业规划修编（2008—2020年）修改完善稿》公示提出听证的申请。杭州市规划局24日出具了一份书面答复，称按照法律规定将对这些申请材料予以承办、（一个月以内）给予答复。上访人员十分愤怒，开了120辆宣传车到中泰街道，直接开到项目落地的四个村范围进行巡回宣传。从这个时间开始，中泰九峰的村民被他们烧热起来了。

事件爆发，酿成冲突。5月10日事件大爆发。导火索是网上流传省委主要领导要到余杭区来了，那天群众马上集聚了两千人去，打算跪着拦车，导致发生了高速围堵事件并持续到11日散去。中泰垃圾焚烧发电项目不仅引发了附近居民数次聚众上访，而且发展成当地居民、开发商、环保"维权人士"等万余人聚众参加的恶性群体事件。

（三）事件原因点评

九峰事件的爆发，原因是多方面的，最主要的是忽视了公众意见。从民意引导上讲，政府尚未摆脱"被动应对"怪圈，习惯于"事后救火"。一是项目宣传不充分。对于政府要推出的民生项目和政策的重要性和必要性，事前不作宣传。发布时也比较随意，公众无所适从。二是项目公示不充分。在项目公示、听证等关键环节，往往只在报纸或部门网站上发布一下，走完程序了事。对于信息有没有真正送达到利益相关者不关注，更很少深入基层、深入群众进行面对面的信息发布。三是事后沟通不主动。在负面信息传播时，不能及时通过主流媒体和新媒体进行舆论引导，政府声音被淹没在社会舆论之中。甚至在突发事件已经爆发时，也很少通过新闻发布会等形式与公众主动沟通。这种被动应对而不是主动引导的信息发布方式，进一步加深了政社之间的沟通不畅。

从环评相关法律的角度看，该事件最大的失误是，《环境影响评价法》规定，对可能造成不良环境影响并直接涉及公众环境权益的规划，应当在该规划草案报送审批前，举行论证会、听证会，或者采取其他形式，征求有关单位、专家和公众对环境影响报告书草案的意见。该事件中，面对群众要求举行听证会的要求，有关部门未及时给予答复，最终导致了矛盾激化。该事件印证了规划和建设项目中的公众参与是环境保护工作中不可或缺的程序。

专栏2 "嘉兴模式"中的多元公众参与

传统环境治理模式下，政府垄断了环境治理一切公共事务，其他社会主体基本没有参与环境治理的空间和平台。在"嘉兴模式"中，尽管政府依然是环境公共治理的核心，但是随着政府环境治理行政过程的不断开放，市场的力量和公众得到了前所未有的发挥作用的空间和平台，其所具有的能力和意见也得到了来自政府前所未有的重视。企业、环保社会组织、大众传媒、个体公民乃至国际组织都成为环境治理的主体，共同构建"大环保模式"，即以环保联合会为龙头，市民检查团、专家服务团、生态文明宣讲团和环境权益维护中心为支撑的"一会三团一中心"组织框架（图1-4），鼓励社会各界加入到环境保护的行动中来。

从2007年起，先后成立了嘉兴市环保志愿者服务总队、嘉兴市环保先锋服务队，开展环保志愿者服务和节能减排、监督和技术服务工作，将组织覆盖到街道社区和乡镇农村，后来在此基础上，成立了环保市民检查团、专家服务团、生态文明宣讲团，市民检查团通过嘉兴日报公开招聘，主要参与环保"飞行监测"、监督环保信用不良企业整改以及"摘帽"验收工作，专家服务团由环保专家组成，为企业提供环保技术支撑。生态文明宣讲团主要是到机关事业单位、企业、社区、学校、农村等开展生态环保主题宣讲。2011年，嘉兴市环保局又成立了嘉兴市环保联合会，并在所辖县（市、区）成立了相应的分支机构，环保局负责人兼任联合会负责人，组建了建设项目环保准入专家库，实行环境学会、产业协会参与环境管理改革试点，扩充学会下属12个地区（专业）委员会，以律师事务所为主体，成立环境权益维护中心，推进各类环保社团的行业自律和自治，使之成为公众参与环境保护的大舞台。

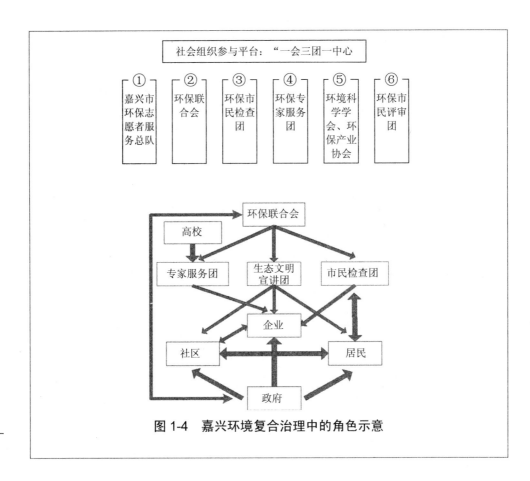

图 1-4　嘉兴环境复合治理中的角色示意

附录：《环境保护公众参与办法》摘录

《环境保护公众参与办法》

（环保部令第 35 号，自 2015 年 9 月 1 日起施行）（节选）

第一条　为保障公民、法人和其他组织获取环境信息、参与和监督环境保护的权利，畅通参与渠道，促进环境保护公众参与依法有序发展，根据《环境保护法》及有关法律法规，制定本办法。

第二条　本办法适用于公民、法人和其他组织参与制定政策法规、实施行政许可或者行政处罚、监督违法行为、开展宣传教育等环境保护公共事务的活动。

第三条　环境保护公众参与应当遵循依法、有序、自愿、便利的原则。

第四条　环境保护主管部门可以通过征求意见、问卷调查，组织召开座谈会、专家论证会、听证会等方式征求公民、法人和其他组织对环境保护相关事项或者活动的意见和建议。

公民、法人和其他组织可以通过电话、信函、传真、网络等方式向环境保护主管部门提出意见和建议。

第五条　环境保护主管部门向公民、法人和其他组织征求意见时，应当公布以下信息：

（一）相关事项或者活动的背景资料；

（二）征求意见的起止时间；

（三）公众提交意见和建议的方式；

（四）联系部门和联系方式。

公民、法人和其他组织应当在征求意见的时限内提交书面意见和建议。

第九条　环境保护主管部门应当对公民、法人和其他组织提出的意见和建议进行归类整理、分析研究，在作出环境决策时予以充分考虑，并以适当的方式反馈公民、法人和其他组织。

第十条　环境保护主管部门支持和鼓励公民、法人和其他组织对环境保护公共事务进行舆论监督和社会监督。

第二章　环境信息公开

第一节　环境信息公开制度概述

环境知情权是指公众知悉和获取相关环境信息的权利。环境信息公开制度，则指为尊重公众知情权，政府和企业以及其他社会行为主体向公众通报和公开各自的环境行为以利于公众参与和监督。因此环境信息公开制度既要公开环境质量信息，也要公开政府和企业的环境行为，为公众了解和监督环保工作提供必要条件，这对于加强政府、企业、公众的沟通和协商，形成政府、企业和公众的良性互动关系有重要的促进作用，有利于社会各方共同参与环境保护。国务院 2007年公布的《政府信息公开条例》对我国各级政府信息公开的管理体制和机构、信息公开的范围、公开的方式和程序、监督和保障措施等做了全面的规定。与之同日施行（2007 年 4 月）的国家环保总局的《环境信息公开办法》，是国务院制定《政府信息公开办法》后第一个有关信息公开的部门规章，对环境信息公开的范围和主体、方式和程序、监督和责任等做出了明确的规定。国家环境保护总局 2006年公布实施的《环境统计管理办法》第 24 条规定各级环境保护行政主管部门的"环境调查结果应当纳入环境统计年报或者其他形式的环境统计资料，统一发布"；2013 年 11 月，环保部公布《建设项目环境影响评价政府信息公开指南》，对环境影响评价过程中的信息公开提出了具体要求，进一步加大了信息公开力度，为环评公众参与提供了坚实的法律基础。《国务院关于落实科学发展观　加强环境保护的决定》、《国家突发环境事件应急预案》等文件中也提出要实行环境质量公告制度，及时发布污染事故信息，为公众参与创造条件。

2014 年 4 月 24 日修订通过的新《环境保护法》第 53 条进一步明确了公民的

知情权和政府的信息公开职责：公民、法人和其他组织依法享有获取环境信息、参与和监督环境保护的权利。各级人民政府环境保护主管部门和其他负有环境保护监督管理职责的部门，应当依法公开环境信息、完善公众参与程序，为公民、法人和其他组织参与和监督环境保护提供便利。

按照《环境信息公开办法（试行）》的定义，环境信息包括政府环境信息和企业环境信息。其中，政府环境信息，是指环保部门在履行环境保护职责中制作或者获取的，以一定形式记录、保存的信息。企业环境信息，是指企业以一定形式记录、保存的，与企业经营活动产生的环境影响和企业环境行为有关的信息。

环境信息公开的作用主要体现为：（1）"因公开而参与"，环境信息公开是实现公众参与的前提。（2）环境信息公开可以防止腐败并且减少环境受损的概率。（3）环境信息公开提高了行政效率，减少了行政代价。（4）环境信息公开维护社会稳定，构建和谐社会。

《奥胡斯公约》与信息公开

《奥胡斯公约》是环境信息公开制度发展的里程碑。为了实现《里约环境与发展宣言》第10条确定的原则，1998年6月25日联合国欧洲经济委员会（UN/ECE）在第四次部长级会议上通过了《在环境问题上获得信息、公众参与决策和诉诸法律的公约》（即《奥胡斯公约》，以下简称"公约"），公约于2001年10月31日生效。其条约宗旨在于，为了解决环境污染与破坏问题，保护人类的环境健康权，有必要将民众获得环保相关情报、参与行政决定过程与司法等措施制度化。

《奥胡斯公约》的一个重要特色就是强调公民在环境保护中的作用，强调公民对政府环境信息的分享以及对环境决策过程的参与。公约对环境信息公开制度予以详细的规范。公约首先对"环境信息"、"公共当局"等基本概念进行了定义；其次，对政府环境信息公开的主体、内容、例外以及司法救济机制进行了规定；再次，规定了企业环境信息公开与产品环境信息公开的原则及实施路径；最后，明确了环境信息公开制度的完善与发展机制。不仅如此，《奥胡斯公约》还特别强调对这种公民知情权和参与权的司法保障，这就为环境公益诉讼的开展铺平了法律道路。

> 《奥胡斯公约》的签订在国际上引起了很大反响。前联合国秘书长科菲·安南指出："尽管《奥胡斯公约》是区域性公约，但它的重要性却是普遍的。它强调了公众在环境问题上参与的重要性和从公共当局获得环境信息的权利。"

第二节　环境信息公开的范围

环境信息，包括政府环境信息和企业环境信息两部分内容，因此环境信息公开的主体包括政府和企业两大类，相应地公开范围也分成两大类。而《环境信息公开办法（试行）》对两者的要求是有差异的，即环保部门应当遵循公正、公平、便民、客观的原则，及时、准确地公开政府环境信息；企业应当按照自愿公开与强制性公开相结合的原则，及时、准确地公开企业环境信息。

一、政府方面的环境信息公开

在我国，县级以上地方人民政府环保部门负责组织、协调、监督本行政区域内的环境信息公开工作。环保部门公开政府环境信息是法定职责和义务，不存在可选择性。环保部门应当在职责权限范围内向社会主动公开以下政府环境信息：

（1）环境保护法律、法规、规章、标准和其他规范性文件；

（2）环境保护规划；

（3）环境质量状况；

（4）环境统计和环境调查信息；

（5）突发环境事件的应急预案、预报、发生和处置等情况；

（6）主要污染物排放总量指标分配及落实情况，排污许可证发放情况，城市环境综合整治定量考核结果；

（7）大、中城市固体废物的种类、产生量、处置状况等信息；

（8）建设项目环境影响评价文件受理情况，受理的环境影响评价文件的审批结果和建设项目竣工环境保护验收结果，其他环境保护行政许可的项目、依据、条件、程序和结果；

（9）排污费征收的项目、依据、标准和程序，排污者应当缴纳的排污费数额、实际征收数额以及减免缓情况；

（10）环保行政事业性收费的项目、依据、标准和程序；

（11）经调查核实的公众对环境问题或者对企业污染环境的信访、投诉案件及其处理结果；

（12）环境行政处罚、行政复议、行政诉讼和实施行政强制措施的情况；

（13）污染物排放超过国家或者地方排放标准，或者污染物排放总量超过地方人民政府核定的排放总量控制指标的污染严重的企业名单；

（14）发生重大、特大环境污染事故或者事件的企业名单，拒不执行已生效的环境行政处罚决定的企业名单；

（15）环境保护创建审批结果；

（16）环保部门的机构设置、工作职责及其联系方式等情况；

（17）法律、法规、规章规定应当公开的其他环境信息。

需要注意的是，环保部门发布政府环境信息时要遵守保密原则，依照国家有关规定需要批准的，未经批准不得发布。环保部门公开政府环境信息，不得危及国家安全、公共安全、经济安全和社会稳定。

二、企业方面的环境信息公开

企业环境信息公开分为自愿公开与强制性公开两种情形，相应地对企业的公开要求也不尽相同。

（一）企业自愿公开信息范围

国家鼓励企业自愿公开下列企业环境信息：

（1）企业环境保护方针、年度环境保护目标及成效；

（2）企业年度资源消耗总量；

（3）企业环保投资和环境技术开发情况；

（4）企业排放污染物种类、数量、浓度和去向；

（5）企业环保设施的建设和运行情况；

（6）企业在生产过程中产生的废物的处理、处置情况，废弃产品的回收、综合利用情况；

（7）与环保部门签订的改善环境行为的自愿协议；

（8）企业履行社会责任的情况；

（9）企业自愿公开的其他环境信息。

自愿公开环境信息的企业，可以将其环境信息通过媒体、互联网等方式，或者通过公布企业年度环境报告的形式向社会公开。

（二）污染严重企业必须公开范围

依据《环境信息公开办法（试行）》第 20 条规定，污染物排放超过国家或者地方排放标准，或者污染物排放总量超过地方人民政府核定的排放总量控制指标的污染严重的企业，必须向社会公开下列信息：

（1）企业名称、地址、法定代表人；

（2）主要污染物的名称、排放方式、排放浓度和总量、超标、超总量情况；

（3）企业环保设施的建设和运行情况；

（4）环境污染事故应急预案。

对于上述环境信息，企业不得以保守商业秘密为借口拒绝公开，并且应当在环保部门公布名单后 30 日内，在所在地主要媒体上公布其环境信息，并将向社会公开的环境信息报所在地环保部门备案。环保部门有权对企业公布的环境信息进行核查。

第三节　环境信息公开的方式和程序

一、环境信息公开的方式

对于政府环境信息的公开，分为主动公开与依申请公开两种类型，除了日常性的公开之外还有年度报告。具体要求有所区别：

1. 主动公开

环保部门应当将主动公开的政府环境信息，通过政府网站、公报、新闻发布会以及报刊、广播、电视等便于公众知晓的方式公开。属于主动公开范围的政府环境信息，环保部门应当自该环境信息形成或者变更之日起 20 个工作日内予以公开。法律、法规对政府环境信息公开的期限另有规定的，从其规定。

环保部门应当编制、公布政府环境信息公开指南和政府环境信息公开目录，并及时更新。政府环境信息公开指南，包括信息的分类、编排体系、获取方式，政府环境信息公开工作机构的名称、办公地址、办公时间、联系电话、传真号码、电子邮箱等内容。政府环境信息公开目录，包括索引、信息名称、信息内容的概述、生成日期、公开时间等内容。

2. 依申请公开

对政府环境信息公开申请，环保部门应当根据下列情况分别作出答复：

（1）申请公开的信息属于公开范围的，应当告知申请人获取该政府环境信息的方式和途径；

（2）申请公开的信息属于不予公开范围的，应当告知申请人该政府环境信息不予公开并说明理由；

（3）依法不属于本部门公开或者该政府环境信息不存在的，应当告知申请人；对于能够确定该政府环境信息的公开机关的，应当告知申请人该行政机关的名称和联系方式；

（4）申请内容不明确的，应当告知申请人更改、补充申请。

环保部门应当在收到申请之日起 15 个工作日内予以答复；不能在 15 个工作日内作出答复的，经政府环境信息公开工作机构负责人同意，可以适当延长答复期限，并书面告知申请人，延长答复的期限最长不得超过 15 个工作日。

3. 年度报告

环保部门应当在每年 3 月 31 日前公布本部门的政府环境信息公开工作年度报告。政府环境信息公开工作年度报告应当包括下列内容：（1）环保部门主动公开政府环境信息的情况；（2）环保部门依申请公开政府环境信息和不予公开政府环境信息的情况；（3）因政府环境信息公开申请行政复议、提起行政诉讼的情况；（4）政府环境信息公开工作存在的主要问题及改进情况；（5）其他需要报告的事项。

二、公众申请信息公开的程序

公民、法人和其他组织可以向环保部门申请获取政府环境信息。但公民、法人和其他组织使用公开的环境信息，不得损害国家利益、公共利益和他人的合法权益。

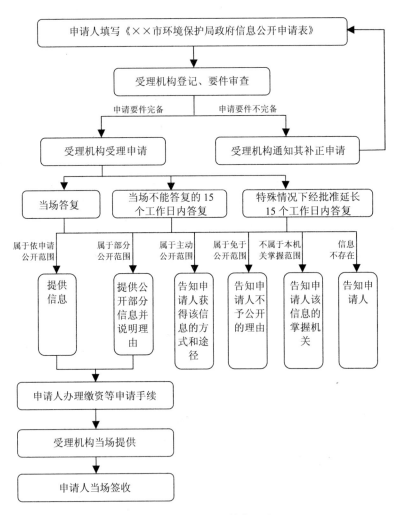

图 2-1　环境信息公开基本程序

公开申请方式：申请环保部门提供政府环境信息的，应当采用信函、传真、电子邮件等书面形式；采取书面形式确有困难的，申请人可以口头提出，由环保部门政府环境信息公开工作机构代为填写政府环境信息公开申请。

政府环境信息公开申请应当包括下列内容：

（1）申请人的姓名或者名称、联系方式；

（2）申请公开的政府环境信息内容的具体描述；

（3）申请公开的政府环境信息的形式要求。

第四节　环境信息公开的特别规定

一、环境影响评价中的信息公开

2013 年 11 月，环保部公布《建设项目环境影响评价政府信息公开指南》，对环境影响评价过程中信息公开提出了具体要求，进一步加大了信息公开力度。

1. 在建设项目环境影响评价中，政府应主动公开的范围包括

（1）环境影响评价相关法律、法规、规章及管理程序。

（2）建设项目环境影响评价审批，包括环境影响评价文件受理情况、拟作出的审批意见、作出的审批决定。

（3）建设项目竣工环境保护验收，包括竣工环境保护验收申请受理情况、拟作出的验收意见、作出的验收决定。

（4）建设项目环境影响评价资质管理信息，包括建设项目环境影响评价资质受理情况、审查情况、批准的建设项目环境影响评价资质、环境影响评价机构基本情况、业绩及人员信息。

《环境影响评价公众参与暂行办法》中规定，除国家规定需要保密的情形（如涉及国家机密、商业机密、个人隐私的信息）之外，应当向公众公开有关环境影响评价的信息。从建设项目环评过程中看一共有四次信息公开，其中最主要的是建设单位承担的两次信息公开义务，详细内容见表 2-1。

表 2-1　环境影响评价中应当向公众公布的信息（四次信息公示）

责任主体	公开时间	公开内容
建设单位	确定了承担环评工作的环评机构后的 7 日内	建设项目的名称及概要 建设单位的名称和联系方式 承担评价工作的环评机构的名称和联系方式 环评的工作程序和主要工作内容 征求公众意见的重要事项 公众提出意见的主要方式
建设单位或其委托环评机构	报送环境保护行政主管部门审批或重新审核《环境影响报告书》之前10日内	建设项目情况简述 对环境可能造成影响的概述 预防或者减轻不良环境影响的对策和措施要点 环境影响报告书提出的环评结论的要点 公众查阅报告书简本 公众认为必要时向建设单位或其委托环评机构索要补充信息的方式和期限 征求公众意见的范围和主要事项 征求公众意见的具体形式，公众提出意见的起止时间
环境保护行政主管部门	受理建设项目环境影响报告书后，公告的期限不得少于10日	在其政府网站或者采用其他便利公众知悉的方式，公告环境影响报告书受理的有关信息；对公众意见较大的建设项目，可以采取调查公众意见、咨询专家意见、座谈会、论证会、听证会等形式再次公开征求公众意见
环境保护行政主管部门	在作出审批或者重新审核决定后	应当在政府网站公告审批或者审核结果

资料来源：《环境影响评价公众参与暂行办法》。

2. 按照主体不同，四次信息公开又可分为环保部门公开和环境影响评价组织者公开两种情况

（1）环保部门的主动公开方式：各级环境保护主管部门应将主动公开的环境影响评价政府信息通过本部门政府网站公开。有条件的部门可采取其他多种公开方式，如通过行政服务大厅或服务窗口集中公开；通过电视、广播、报刊等传媒公开。[1]

其中，对于建设项目环境影响评价文件审批信息、竣工环境保护验收信息、

---

[1]　《建设项目环境影响评价政府信息公开指南》第1~6条相关内容。

环境影响评价资质管理信息三块内容，又有具体的规定。其中，建设项目环境影响评价文件审批信息的主动公开内容包括受理审批情况公开、审批意见公开内容、审批决定公开内容；建设项目竣工环境保护验收信息的主动公开内容包括竣工验收受理公开内容、拟作出验收意见公开内容、验收决定公开内容；建设项目环境影响评价资质管理信息主动公开内容包括环评资质受理内容、资质审查情况公开、资质决定内容、环评机构人员信息等。

（2）环境影响评价组织者的信息公开。建设单位或受其委托的环境影响评价机构，需要在以下两个阶段承担信息公开的义务：

1）编制报告书公开内容

在《建设项目环境分类管理名录》规定的环境敏感区建设的需要编制环境影响报告书的项目，建设单位应当在确定了承担环境影响评价工作的环境影响评价机构后7日内，向公众公告下列信息：

①建设项目的名称及概要；

②建设项目的建设单位的名称和联系方式；

③承担评价工作的环境影响评价机构的名称和联系方式；

④环境影响评价的工作程序和主要工作内容；

⑤征求公众意见的主要事项；

⑥公众提出意见的主要方式。

2）报审期间公开内容

建设单位或者其委托的环境影响评价机构在编制环境影响报告书的过程中，应当在报送环境保护行政主管部门审批或者重新审核前，向公众公告如下内容：

①建设项目情况简述；

②建设项目对环境可能造成影响的概述；

③预防或者减轻不良环境影响的对策和措施的要点；

④环境影响报告书提出的环境影响评价结论的要点；

⑤公众查阅环境影响报告书简本的方式和期限，以及公众认为必要时向建设单位或者其委托的环境影响评价机构索取补充信息的方式和期限；

⑥征求公众意见的范围和主要事项；

⑦征求公众意见的具体形式；

⑧公众提出意见的起止时间。

二、企业事业单位环境信息公开

为维护公民、法人和其他组织依法享有获取环境信息的权利，促进企业事业单位如实向社会公开环境信息，推动公众参与和监督环境保护，环保部于 2014 年 12 月 15 日颁布《企业事业单位环境信息公开办法》，要求企业事业单位应当按照强制公开和自愿公开相结合的原则，及时、如实地公开其环境信息，各级环境保护主管部门对此负责指导、监督。

与《环境信息公开办法》相比，《企业事业单位环境信息公开办法》对适用企业范围的界定有所不同，其针对的是重点排污单位。重点排污单位的名录，由环境主管部门在综合考虑本行政区域的环境容量、重点污染物排放总量控制指标的要求，以及企业事业单位排放污染物的种类、数量和浓度等因素确定。其中，具备下列条件之一的企业事业单位，必须列入重点排污单位名录：（1）被设区的市级以上人民政府环境保护主管部门确定为重点监控企业的；（2）具有试验、分析、检测等功能的化学、医药、生物类省级重点以上实验室、二级以上医院、污染物集中处置单位等污染物排放行为引起社会广泛关注的或者可能对环境敏感区造成较大影响的；（3）三年内发生较大以上突发环境事件或者因环境污染问题造成重大社会影响的；（4）其他有必要列入的情形。

对于各级环境保护主管部门来说，应在每年 3 月底前确定本行政区域内重点排污单位名录，并通过政府网站、报刊、广播、电视等便于公众知晓的方式公布。

对于重点排污单位来说，应当在政府公布重点排污单位名录后 90 日内通过其网站、企业事业单位环境信息公开平台或者当地报刊等便于公众知晓的方式公开环境信息，应当公开下列信息：（1）基础信息，包括单位名称、组织机构代码、法定代表人、生产地址、联系方式，以及生产经营和管理服务的主要内容、产品及规模；（2）排污信息，包括主要污染物及特征污染物的名称、排放方式、排放数量和分布情况、排放浓度和总量、超标情况，以及执行的污染物排放标准、核定的排放总量；（3）防治污染设施的建设和运行情况；（4）建设项目环境影响评价及其他环境保护行政许可情况；（5）突发环境事件应急预案；（6）其他应当公开的环境信息。列入国家重点监控企业名单的重点排污单位还应当公开其环境自行监测方案。

重点排污单位同时也可以采取以下一种或者几种方式予以公开：（1）公告或者公开发行的信息专刊；（2）广播、电视等新闻媒体；（3）信息公开服务、监督热线电话；（4）本单位的资料索取点、信息公开栏、信息亭、电子屏幕、电子触摸屏等场所或者设施；（5）其他便于公众及时、准确获得信息的方式。

三、重点监测企业的信息公开

为加强污染源监督性监测，推进污染源监测信息公开，按照 2013 年 7 月 30 日颁布的《国家重点监控企业污染源监督性监测及信息公开办法（试行）》、《国家重点监控企业自行监测及信息公开办法（试行）》的规定，国家重点监控企业的污染源监测信息需要进行特别公开，对此政府和企业分别要履行以下义务：

（一）政府公开国家重点监控企业污染源监测信息

污染源监测信息应当依法公开，这是政府的一项法定职责。各级环境保护主管部门负责向社会公开本级及下级完成的国家重点监控企业污染源监督性监测信息。公开信息内容主要包括：（1）污染源监督性监测结果，包括：污染源名称、所在地、监测点位名称、监测日期、监测指标名称、监测指标浓度、排放标准限值、按监测指标评价结论；（2）未开展污染源监督性监测的原因；（3）国家重点监控企业监督性监测年度报告。[①]

（二）重点监控企业公开自行监测信息

企业应将自行监测工作开展情况及监测结果向社会公众公开，公开内容应包括：（1）基础信息：企业名称、法人代表、所属行业、地理位置、生产周期、联系方式、委托监测机构名称等；（2）自行监测方案；（3）自行监测结果：全部监测点位、监测时间、污染物种类及浓度、标准限值、达标情况、超标倍数、污染物排放方式及排放去向；（4）未开展自行监测的原因；（5）污染源监测年度报告。[②]

---

① 《国家重点监控企业污染源监督性监测及信息公开办法（试行）》第 17～19 条相关内容。
② 《国家重点监控企业自行监测及信息公开办法（试行）》第 18～29 条相关内容。

四、突发环境事件应急管理中的信息公开

为预防和减少突发环境事件的发生，控制、减轻和消除突发环境事件引起的危害，规范突发环境事件应急管理工作，保障公众生命安全、环境安全和财产安全，2015 年 4 月 16 日环保部颁布《突发环境事件应急管理办法》，用以规范各级环境保护主管部门和企业事业单位组织开展的突发环境事件风险控制、应急准备、应急处置、事后恢复等工作。

该《办法》所称突发环境事件，是指由于污染物排放或者自然灾害、生产安全事故等因素，导致污染物或者放射性物质等有毒有害物质进入大气、水体、土壤等环境介质，突然造成或者可能造成环境质量下降，危及公众身体健康和财产安全，或者造成生态环境破坏，或者造成重大社会影响，需要采取紧急措施予以应对的事件。突发环境事件按照事件严重程度，分为特别重大、重大、较大和一般四级。

《办法》的第六章"信息公开"规定了政府和企业的各自责任：

（一）企业事业单位的突发环境事件信息公开

企业事业单位应当按照有关规定，采取便于公众知晓和查询的方式公开本单位环境风险防范工作开展情况、突发环境事件应急预案及演练情况、突发环境事件发生及处置情况，以及落实整改要求情况等环境信息。

（二）政府的突发环境事件信息公开

突发环境事件发生后，县级以上地方环境保护主管部门应当认真研判事件影响和等级，及时向本级人民政府提出信息发布建议。履行统一领导职责或者组织处置突发事件的人民政府，应当按照有关规定统一、准确、及时发布有关突发事件事态发展和应急处置工作的信息。

县级以上环境保护主管部门应当在职责范围内向社会公开有关突发环境事件应急管理的规定和要求，以及突发环境事件应急预案及演练情况等环境信息。

县级以上地方环境保护主管部门应当对本行政区域内突发环境事件进行汇总分析，定期向社会公开突发环境事件的数量、级别，以及事件发生的时间、地点、应急处置概况等信息。

第五节　环境信息公开的权利保障

如何保障公民的环境信息知情权？政府不按规定公开怎么办？对此，按照规定，公民、法人和其他组织认为环保部门不依法履行政府环境信息公开义务的，可以向上级环保部门举报。收到举报的环保部门应当督促下级环保部门依法履行政府环境信息公开义务。公民、法人和其他组织认为环保部门在政府环境信息公开工作中的具体行政行为侵犯其合法权益的，可以依法申请行政复议或者提起行政诉讼。[①]其中针对"未依法公开环境信息"包含了四种情形：（1）不公开或者不按照规定的内容公开环境信息的；（2）不按照规定的方式公开环境信息的；（3）不按照规定的时限公开环境信息的；（4）公开内容不真实、弄虚作假的。

具体来讲，包括以下几个救济途径：

一、向上级环保部门举报

举报是宪法赋予公民的一项合法权利，我国《宪法》第 41 条规定，中华人民共和国公民对于任何国家机关和国家工作人员的违法失职行为，有向有关国家机关提出申诉、控告或者检举的权利。收到举报的环保部门应当督促下级环保部门依法履行政府环境信息公开义务。举报既可以针对国家机关的信息公开不作为，也可以针对企业不依法履行信息公开义务。

《企业事业单位环境信息公开办法》明确规定，公民、法人和其他组织发现重点排污单位未依法公开环境信息的，有权向环境保护主管部门举报。接受举报的环境保护主管部门应当对举报人的相关信息予以保密，保护举报人的合法权益。

二、环境信访

环境信访，是公民、法人或者其他组织采用书信、电子邮件、传真、电话、走访等形式，向各级环境保护行政主管部门反映环境保护情况，提出建议、意见或者投诉请求，依法由环境保护行政主管部门处理的活动。

信访人应当依法向有权处理该事项的本级或者上一级环境保护行政主管部门

---

① 《环境信息公开办法（试行）》第 26 条。

提出信访事项。环保部门应对信访事项予以登记，属于环保部门职权范围内的，应当受理，不得推诿、敷衍、拖延。对信访人提出的环境信访事项，环境信访机构能够当场决定受理的，应当场答复；不能当场答复是否受理的，应当自收到环境信访事项之日起 15 日内书面告知信访人。但是信访人的姓名（名称）、住址或联系方式不清而联系不上的除外。

环境信访事项应当自受理之日起 60 日内办结，情况复杂的，经本级环境保护行政主管部门负责人批准，可以适当延长办理期限，但延长期限不得超过 30 日，并应告知信访人延长理由。

三、申请行政复议

申请行政复议，对县级以上地方各级人民政府工作部门的具体行政行为不服的，由申请人选择，可以向该部门的本级人民政府申请行政复议，也可以向上一级主管部门申请行政复议。行政复议是行政机关内部的自我监督和纠正，是上一级行政机关或者法律、法规授权的机关依申请，对引起争议的行政行为进行审查并做出决定的活动。对申请环境信息引发的争议，其复议机关主要是相应环保机关所属的本级人民政府和上一级环保机关。

四、提起行政诉讼

行政诉讼则是司法机关（即法院）对行政机关的行政行为进行监督和改正的途径。行政诉讼，可以简单地理解为"民告官"，是有关的公民、法人和其他组织认为相关的行政行为侵害其合法权益，从而向法院起诉，法院在当事人及其他诉讼参与人的参加下，对行政行为进行审查并作出裁判的活动。《政府信息公开条例》规定，公民、法人或者其他组织认为行政机关在政府信息公开工作中的具体行政行为侵犯其合法权益的，可以依法申请行政复议或者提起行政诉讼。

实例：图解信息公开申请（以下部分属于链接，字体同前面相区别）

环境保护部政府信息公开申请表				
申请人信息	公民	姓名*		联系电话*
		证件名称*		证件号码*
		电子邮箱		传真
		联系地址*		
		邮编*		
	法人其他组织	单位名称*		
		组织机构代码*		联系人*
		联系电话*		传真
		联系地址*		
		邮编*		
申请公开内容	信息名称*			
	文号			
	内容描述*			
信息用途*				
信息介质*	纸质		获取方式*	邮寄
	电子文件			电子邮件
	其他			自行领取
备注				

填写说明：1. 请如实填写，*为必填项；

2. 请在信息介质一栏的相应格子里打"√"；

3. 请在获取方式一栏的相应格子里打"√"，并填写联系方式。

填写说明：

1. 申请表应填写完整、内容真实有效。申请人应当对申请材料的真实性负责。

2. 个人提出与自身相关的政府信息申请时，请提供有效身份证明原件和复印件；以组织名义提出时，请提供法人或其他组织机构代码证原件和复印件，复印件上应有机构法人授权证明。①

（一）政府公开环境信息的方式有哪些（以嘉兴市环保局为例）

1. 主动公开。主动向社会免费公开的信息范围参见《嘉兴市环境保护局政府信息公开目录》。公民、法人和其他组织可以在嘉兴市环保局网站 http：//www. jepb.gov.cn/ News/xxgk.aspx 和市环保系统市局及各环保分局办事窗口等公共查阅点查阅。

2. 依申请公开。公民、法人和其他组织根据自身生产、生活、科研等特殊需要，申请获取嘉兴市环保局除主动公开的政府信息以外的相关政府信息，可以通过政府信息公开受理点当面申请，也可书面（信函、传真）或互联网申请，并向嘉兴市环保局及各区环保分局受理机构递交《嘉兴市环境保护局政务信息公开申请表》。

受理机构：嘉兴市环保局政策法规宣教处

办公地址：嘉兴市中山东路 922 号第二行政中心 302 室

公开邮箱：jxshjbhjfgc@163.com

负 责 人：×××

公开电话：82159861

传　　真：82159849

邮　　编：314001

---

①资料来源：环境保护部信息公开指南。http://www.zhb.gov.cn/gkml/hbb/qt/200910/t20091030_180595.htm.

（二）如何查询主动公开的政府环境信息？

1. 直接查询。应公开的政务信息产生后，嘉兴市环保局将自该环境信息形成或者变更之日起 20 个工作日内予以公开，特殊情况除外。法律、法规对政府信息公开的期限另有规定的，从其规定。

2. 向环保部门提出申请查询。申请人可提出书面申请，并填写《信息公开申请表》。申请表可向受理机构处申请领取或自行复制，也可在环境保护部政府网站下载电子版本。或填写电子表格后直接通过环保局电子邮箱提交，采用书面形式确有困难的，申请人可以口头提出，由接待人员代为填写政府信息公开申请。申请人可通过联系电话咨询相关申请手续。

（三）必须主动公开的环境信息

对于主动公开信息，主要采取嘉兴市环境保护局网站公开 http：//www.jepb.gov.cn/和嘉兴市环境保护局政务信息公开栏、电子触摸屏、办事窗口公开四种形式。此外，部分有必要和有条件的，还将通过报纸、广播电视等新闻媒体以及政府公报、新闻发布会、社会听证、专家咨询等形式公开政务信息。

（四）企业环境信息的获得

1. 查询企业环境信息。输入嘉兴市环保局网址（http：//www.jepb.gov.cn/）—点击"项目审批"专栏—点击"建设项目审批公告"—即可查询企业环境信息。

2. 举报企业环境信息不实。如发现企业环境信息不实，可拨打 12369 热线反映情况，也可登录嘉兴市环保网进行网上投诉（http：//www.jepb.gov.cn/）或直接向环境监察部门进行投诉。

受理机构：嘉兴市环境监察支队。

地点：嘉兴市中山东路 1135 号建工大楼 7-9 楼　　电话：0573-82159269

附录：环境信息公开法律法规摘录

环境信息公开办法（试行）

（2007 年 2 月 8 日国家环境保护总局通过，2008 年 5 月 1 日起施行）

负责部门

第三条　国家环境保护总局负责推进、指导、协调、监督全国的环境信息公开工作。

县级以上地方人民政府环保部门负责组织、协调、监督本行政区域内的环境信息公开工作。

禁止

第九条　环保部门发布政府环境信息依照国家有关规定需要批准的，未经批准不得发布。

第十条　环保部门公开政府环境信息，不得危及国家安全、公共安全、经济安全和社会稳定。

政府主动公开范围

第十一条　环保部门应当在职责权限范围内向社会主动公开以下政府环境信息：

（一）环境保护法律、法规、规章、标准和其他规范性文件；

（二）环境保护规划；

（三）环境质量状况；

（四）环境统计和环境调查信息；

（五）突发环境事件的应急预案、预报、发生和处置等情况；

（六）主要污染物排放总量指标分配及落实情况，排污许可证发放情况，城市环境综合整治定量考核结果；

（七）大、中城市固体废物的种类、产生量、处置状况等信息；

（八）建设项目环境影响评价文件受理情况，受理的环境影响评价文件的审批结果和建设项目竣工环境保护验收结果，其他环境保护行政许可的项目、依据、条件、程序和结果；

（九）排污费征收的项目、依据、标准和程序，排污者应当缴纳的排污费数额、实际征收数额以及减免缓情况；

（十）环保行政事业性收费的项目、依据、标准和程序；

（十一）经调查核实的公众对环境问题或者对企业污染环境的信访、投诉案件及其处理结果；

（十二）环境行政处罚、行政复议、行政诉讼和实施行政强制措施的情况；

（十三）污染物排放超过国家或者地方排放标准，或者污染物排放总量超过地方人民政府核定的排放总量控制指标的污染严重的企业名单；

（十四）发生重大、特大环境污染事故或者事件的企业名单，拒不执行已生效的环境行政处罚决定的企业名单；

（十五）环境保护创建审批结果；

（十六）环保部门的机构设置、工作职责及其联系方式等情况；

（十七）法律、法规、规章规定应当公开的其他环境信息。

环保部门应当根据前款规定的范围编制本部门的政府环境信息公开目录。

政府公开方式

第十三条 环保部门应当将主动公开的政府环境信息，通过政府网站、公报、新闻发布会以及报刊、广播、电视等便于公众知晓的方式公开。

公开期限

第十四条 属于主动公开范围的政府环境信息，环保部门应当自该环境信息形成或者变更之日起 20 个工作日内予以公开。法律、法规对政府环境信息公开的期限另有规定的，从其规定。

公开目录

第十五条 环保部门应当编制、公布政府环境信息公开指南和政府环境信息公开目录，并及时更新。

政府环境信息公开指南，应当包括信息的分类、编排体系、获取方式，政府环境信息公开工作机构的名称、办公地址、办公时间、联系电话、传真号码、电子邮箱等内容。

政府环境信息公开目录，应当包括索引、信息名称、信息内容的概述、生成日期、公开时间等内容。

申请公开答复

第十七条 对政府环境信息公开申请，环保部门应当根据下列情况分别作出答复：

（一）申请公开的信息属于公开范围的，应当告知申请人获取该政府环境信息的方式和途径；

（二）申请公开的信息属于不予公开范围的，应当告知申请人该政府环境信息不予公开并说明理由；

（三）依法不属于本部门公开或者该政府环境信息不存在的，应当告知申请人；对于能够确定该政府环境信息的公开机关的，应当告知申请人该行政机关的名称和联系方式；

（四）申请内容不明确的，应当告知申请人更改、补充申请。

申请公开期限

第十八条 环保部门应当在收到申请之日起15个工作日内予以答复；不能在15个工作日内作出答复的，经政府环境信息公开工作机构负责人同意，可以适当延长答复期限，并书面告知申请人，延长答复的期限最长不得超过15个工作日。

年度报告

第二十五条 环保部门应当在每年3月31日前公布本部门的政府环境信息公开工作年度报告。

政府环境信息公开工作年度报告应当包括下列内容：

（一）环保部门主动公开政府环境信息的情况；

（二）环保部门依申请公开政府环境信息和不予公开政府环境信息的情况；

（三）因政府环境信息公开申请行政复议、提起行政诉讼的情况；

（四）政府环境信息公开工作存在的主要问题及改进情况；

（五）其他需要报告的事项。

企业自愿公开信息范围

第十九条 国家鼓励企业自愿公开下列企业环境信息：

（一）企业环境保护方针、年度环境保护目标及成效；

（二）企业年度资源消耗总量；

（三）企业环保投资和环境技术开发情况；

（四）企业排放污染物种类、数量、浓度和去向；

（五）企业环保设施的建设和运行情况；

（六）企业在生产过程中产生的废物的处理、处置情况，废弃产品的回收、综合利用情况；

（七）与环保部门签订的改善环境行为的自愿协议；

（八）企业履行社会责任的情况；

（九）企业自愿公开的其他环境信息。

污染严重企业必须公开范围

第二十条 污染物排放超过国家或者地方排放标准，或者污染物排放总量超过地方人民政府核定的排放总量控制指标的污染严重的企业，应当向社会公开下列信息：

（一）企业名称、地址、法定代表人；

（二）主要污染物的名称、排放方式、排放浓度和总量、超标、超总量情况；

（三）企业环保设施的建设和运行情况；

（四）环境污染事故应急预案。

企业不得以保守商业秘密为借口，拒绝公开前款所列的环境信息。

污染严重企业公开期限

第二十一条 依照本办法第二十条规定向社会公开环境信息的企业，应当在环保部门公布名单后 30 日内，在所在地主要媒体上公布其环境信息，并将向社会公开的环境信息报所在地环保部门备案。

环保部门有权对企业公布的环境信息进行核查。

公开方式

第二十二条 依照本办法第十九条规定自愿公开环境信息的企业，可以将其环境信息通过媒体、互联网等方式，或者通过公布企业年度环境报告的形式向社会公开。

公众主体

第五条 公民、法人和其他组织可以向环保部门申请获取政府环境信息。

禁止

第七条　公民、法人和其他组织使用公开的环境信息，不得损害国家利益、公共利益和他人的合法权益。

公开申请方式

第十六条　公民、法人和其他组织依据本办法第五条规定申请环保部门提供政府环境信息的，应当采用信函、传真、电子邮件等书面形式；采取书面形式确有困难的，申请人可以口头提出，由环保部门政府环境信息公开工作机构代为填写政府环境信息公开申请。

政府环境信息公开申请应当包括下列内容：

（一）申请人的姓名或者名称、联系方式；

（二）申请公开的政府环境信息内容的具体描述；

（三）申请公开的政府环境信息的形式要求。

公民监督

第二十六条　公民、法人和其他组织认为环保部门不依法履行政府环境信息公开义务的，可以向上级环保部门举报。收到举报的环保部门应当督促下级环保部门依法履行政府环境信息公开义务。

公民、法人和其他组织认为环保部门在政府环境信息公开工作中的具体行政行为侵犯其合法权益的，可以依法申请行政复议或者提起行政诉讼。

建设项目环境影响评价政府信息公开指南（试行）

（环办[2013]103 号）

第一条　主动公开范围

（一）环境影响评价相关法律、法规、规章及管理程序。

（二）建设项目环境影响评价审批，包括：环境影响评价文件受理情况、拟作出的审批意见、作出的审批决定。

（三）建设项目竣工环境保护验收，包括：竣工环境保护验收申请受理情况、拟作出的验收意见、作出的验收决定。

（四）建设项目环境影响评价资质管理信息，包括：建设项目环境影响评价资质受理情况、审查情况、批准的建设项目环境影响评价资质、环境影响评价机构基本情况、业绩及人员信息。

公开环境影响评价信息，删除涉及国家秘密、商业秘密、个人隐私以及涉及国家安全、公共安全、经济安全和社会稳定等内容应按国家有关法律、法规规定执行。

第二条　主动公开方式

（一）各级环境保护主管部门应将主动公开的环境影响评价政府信息通过本部门政府网站公开。

（二）有条件的部门可采取其他多种公开方式，如通过行政服务大厅或服务窗口集中公开；通过电视、广播、报刊等传媒公开。

第三条　主动公开期限

属于主动公开的环境影响评价政府信息，应当自该信息形成或者变更之日起20个工作日内予以公开。法律、法规对环境影响评价政府信息公开的期限另有规定的，从其规定。

第四条　建设项目环境影响评价文件审批信息的主动公开内容

环境影响报告书、表项目的审批信息公开按下面要求执行，环境影响登记表项目的审批信息公开由地方各级环境保护主管部门根据实际情况自行确定。

受理审批情况公开

各级环境保护主管部门在受理建设项目环境影响报告书、表后向社会公开受理情况，征求公众意见。公开内容包括：

1．项目名称；

2．建设地点；

3．建设单位；

4．环境影响评价机构；

5．受理日期；

6．环境影响报告书、表全本（除涉及国家秘密和商业秘密等内容外）；

7．公众反馈意见的联系方式。

建设单位在向环境保护主管部门提交建设项目环境影响报告书、表前，应依法主动公开建设项目环境影响报告书、表全本信息，并在提交环境影响报告书、表全本同时附删除的涉及国家秘密、商业秘密等内容及删除依据和理由说明报告。环境保护主管部门在受理建设项目环境影响报告书、表时，应对说明报告进行审核，依法公开环境影响报告书、表全本信息。

审批意见公开内容

各级环境保护主管部门在对建设项目作出审批意见前，向社会公开拟作出的批准和不予批准环境影响报告书、表的意见，并告知申请人、利害关系人听证权利。公开内容包括：

拟批准环境评价报告书、表的项目：

1. 项目名称；

2. 建设地点；

3. 建设单位；

4. 环境影响评价机构；

5. 项目概况；

6. 主要环境影响及预防或者减轻不良环境影响的对策和措施；

7. 公众参与情况；

8. 建设单位或地方政府所作出的相关环境保护措施承诺文件；

9. 听证权利告知；

10. 公众反馈意见的联系方式。

拟不予批准环境影响报告书、表的项目：

1. 项目名称；

2. 建设地点；

3. 建设单位；

4. 环境影响评价机构；

5. 项目概况；

6. 公众参与情况；

7. 拟不予批准的原因；

8. 听证权利告知；

9. 公众反馈意见的联系方式。

审批决定公开内容

各级环境保护主管部门在对建设项目作出批准或不予批准环境影响评价报告书、表的审批决定后向社会公开审批情况，告知申请人、利害关系人行政复议与行政诉讼权利。公开内容包括：

1．文件名称、文号、时间及全文；

2．行政复议与行政诉讼权利告知；

3．公众反馈意见的联系方式。

第五条、建设项目竣工环境保护验收信息的主动公开内容

竣工验收受理公开内容

各级环境保护主管部门在受理竣工环境保护验收申请后向社会公开受理情况。公开内容包括：

1．项目名称；

2．建设地点；

3．建设单位；

4．验收监测（调查）单位；

5．受理日期；

6．验收监测（调查）报告书、表全本（除涉及国家秘密和商业秘密等内容外）；

7．公众反馈意见的联系方式。

拟作出验收意见公开内容

各级环境保护主管部门在对建设项目作出验收意见前，向社会公开拟作出的验收合格和验收不合格的意见，告知申请人、利害关系人听证权利。公开内容包括：

拟验收合格的项目

1．项目名称；

2．建设地点；

3．建设单位；

4．验收监测（调查）单位；

5．项目概况；

6．环保措施落实情况；

7．公众参与情况；

8．听证权利告知；

9．公众反馈意见的联系方式。

拟验收不合格的项目：

1．项目名称；

2．建设地点；

3．建设单位；

4．验收监测（调查）单位；

5．项目概况；

6．公众参与情况；

7．验收不合格的原因；

8．听证权利告知；

9．公众反馈意见的联系方式。

验收决定公开内容

各级环境保护主管部门在对建设项目作出验收合格或验收不合格的审批决定后向社会公开审批情况，告知申请人、利害关系人行政复议与行政诉讼权利。公开内容包括：

1．文件名称、文号、时间及全文；

2．行政复议与行政诉讼权利告知；

3．公众反馈意见的联系方式。

第六条　建设项目环境影响评价资质管理信息主动公开内容

环评资质受理内容

环境保护部在受理建设项目环境影响评价资质申请后向社会公开受理情况，征求公众意见。公开内容包括：

1．环境影响评价机构名称；

2．环境影响评价机构所在地；

3．资质证书编号；

4．申请事项；

5．公众反馈意见的联系方式。

资质审查情况公开

环境保护部在批准建设项目环境影响评价资质前向社会公开审查情况，征求申请人和公众意见。公开内容包括：

1. 环境影响评价机构名称；

2. 环境影响评价机构所在地；

3. 资质证书编号；

4. 申请事项及相关业绩和人员情况；

5. 环境影响评价机构基本情况；

6. 审查意见；

7. 公众反馈意见的联系方式。

资质决定内容

环境保护部作出批准建设项目环境影响评价资质决定后向社会公开审批情况。公开内容包括：

1. 环境影响评价机构名称；

2. 资质证书编号；

3. 批准的事项及内容；

4. 领证地点、联系人及联系方式及相关事项。

环评机构人员信息

公开内容包括：

1. 环境保护部对违规环境影响评价机构及人员的处理信息；

2. 省级环境保护主管部门对环境影响评价机构年度考核结果；

3. 环境保护部发布环境影响评价机构及人员信息，内容包括：机构名称、所在地、联系人及联系方式、机构基本情况、资质证书编号、评价范围、资质有效期；专职环境影响评价工程师（姓名、职业资格证书编号、类别、有效期）、岗位证书持有人员（姓名、岗位证书编号）；机构及人员诚信信息。

企业事业单位环境信息公开办法（试行）

（2014 年 12 月 15 日环境保护部通过，2015 年 1 月 1 日起施行）

第八条　具备下列条件之一的企业事业单位，应当列入重点排污单位名录：

（一）被设区的市级以上人民政府环境保护主管部门确定为重点监控企业的；

（二）具有试验、分析、检测等功能的化学、医药、生物类省级重点以上实验室、二级以上医院、污染物集中处置单位等污染物排放行为引起社会广泛关注的或者可能对环境敏感区造成较大影响的；

（三）三年内发生较大以上突发环境事件或者因环境污染问题造成重大社会影响的；

（四）其他有必要列入的情形。

第九条　重点排污单位应当公开下列信息：

（一）基础信息，包括单位名称、组织机构代码、法定代表人、生产地址、联系方式，以及生产经营和管理服务的主要内容、产品及规模；

（二）排污信息，包括主要污染物及特征污染物的名称、排放方式、排放口数量和分布情况、排放浓度和总量、超标情况，以及执行的污染物排放标准、核定的排放总量；

（三）防治污染设施的建设和运行情况；

（四）建设项目环境影响评价及其他环境保护行政许可情况；

（五）突发环境事件应急预案；

（六）其他应当公开的环境信息。

列入国家重点监控企业名单的重点排污单位还应当公开其环境自行监测方案。

第十条　重点排污单位应当通过其网站、企业事业单位环境信息公开平台或者当地报刊等便于公众知晓的方式公开环境信息，同时可以采取以下一种或者几种方式予以公开：

（一）公告或者公开发行的信息专刊；

（二）广播、电视等新闻媒体；

（三）信息公开服务、监督热线电话；

（四）本单位的资料索取点、信息公开栏、信息亭、电子屏幕、电子触摸屏等场所或者设施；

（五）其他便于公众及时、准确获得信息的方式。

第十一条 重点排污单位应当在环境保护主管部门公布重点排污单位名录后九十日内公开本办法第九条规定的环境信息；环境信息有新生成或者发生变更情形的，重点排污单位应当自环境信息生成或者变更之日起三十日内予以公开。法律、法规另有规定的，从其规定。

第三章　公众参与环境立法和环境规划

环境立法与环境规划是环境决策的两个重要组成部分。落实公众参与环境立法与环境规划的权利，是体现环境民主的基础性环节。

第一节　公众参与环境立法和环境规划概述

环境立法和环境规划作为公众参与环境保护的重要环节，目前在环境法律中并无专章予以明确。新《环境保护法》第 53 条规定："公民、法人和其他组织依法享有获取环境信息、参与和监督环境保护的权利"，对其中的"参与权"应当解释为包含了参与立法和规划的权利。但是在规章层面，环保部于 2015 年 7 月 13 日颁布的《环境保护公众参与办法》第二条明确规定适用于公民、法人和其他组织参与制定政策法规，这应是我国首次明确环境立法和环境规划中的公众参与。

立法要体现公众参与是我国《立法法》的基本原则，在国家法律层面上概括性地宣告公民享有参与立法权利的是《立法法》及其相关宪法性文件。《立法法》（2015 年修订）总则的第 5 条规定"立法应当体现人民的意志，发扬社会主义民主，坚持立法公开，保障人民通过多种途径参与立法活动"。第 34 条规定："……法律案……应当听取各方面的意见。听取意见可以采取座谈会、论证会、听证会等多种形式。"第 58 条规定："行政法规在起草过程中，应当广泛听取有关机关、组织和公民的意见。听取意见可以采取座谈会、论证会、听证会等多种形式。"这一条款内容在《行政法规制定程序条例》和《规章制定程序条例》中重复出现。我国的公众参与在立法领域实行较早，有一定的法律和制度依托，公众关注度广、参与度高。虽然缺乏完善系统的公众参与统一法律，但是有关公众参与的程序和保障规定散见于相关法律文件中，加上网络媒体的传动和推广趋势的加强，使立法领域的公众参与得到相当的关注和发展。

　　同时值得关注的是，尽管环境法未明确规定公众参与环境立法，但在一些环保单行法规规章中有所体现。2005年4月11日国家环境保护总局颁布的《环境保护法规制定程序办法》第10条明确："起草环境保护法规，应当广泛收集资料，深入调查研究，广泛听取有关机关、组织和公民的意见。听取意见可以采取召开讨论会、专家论证会、部门协调会、企业代表座谈会、听证会等多种形式。"这是关于公众参与环境立法的明确规定，第2条还指出了适用范围：本办法所称"环境保护法规"，是指国家环境保护总局，根据全国人大有关机关的委托，或者根据法律、行政法规的授权，或者根据职权，制定的下列规范性文件：（1）根据全国人大有关机关的委托起草的环境保护法律的草案代拟稿；（2）拟报送国务院的环境保护法律或者行政法规的送审稿；（3）环境保护部门规章。2007年，原国家环保总局发布《关于进一步提高总局机关立法工作公众参与程度的通知》，对法规司和负责起草法规的司（办、局）在具体立法环节的公众参与要求作出了明确规定。2014年，环保部办公厅《关于推进环境保护公众参与的指导意见》明确要求"大力推进环境法规和政策制定的公众参与"，"在环境法规的制定、修改过程中，依法公开草案，召开座谈会、论证会、听证会等，公开征求意见。"此外，河北、山西、沈阳等省市制订的环境保护公众参与办法地方法规、规章，也对包括制定地方环境法规、规章在内的各项环境事务中的公众参与作出了具体规定。

　　环境规划是人类为使环境与经济和社会协调发展而对自身活动和环境所做的空间和时间上的合理安排。其目的是指导人们进行各项环境保护活动，按既定的目标和措施合理分配排污削减量，约束排污者的行为，改善生态环境，防止资源破坏，保障环境保护活动纳入国民经济和社会发展计划，以最小的投资获取最佳的环境效益，促进环境、经济和社会的可持续发展。环境规划在现有环保基本法体系中仅提到一处，即《环境保护法》第13条规定，县级以上人民政府应当将环境保护工作纳入国民经济和社会发展规划。各级环境保护主管部门会同有关部门，编制本行政区域的环境保护规划。环境保护规划的内容应当包括生态保护和污染防治的目标、任务、保障措施等，并与主体功能区规划、土地利用总体规划和城乡规划等相衔接。虽然没有明文规定公众参与环境规划，但是公众参与环境规划的权利是新《环境保护法》第 53 条"参与环境保护权利"的应有之义。实际上，我国对公众参与环境规划的规定，主要体现为参与专项规划与参与综合性规划。

在我国，法律首次明确规定规划环境影响评价"公众参与"的是 2002 年的《环境影响评价法》。该法第 7 条规定："应当在规划编制过程中组织进行环境影响评价，编写该规划有关环境影响的篇章或说明。"第 11 条规定"专项规划的编制机关对可能造成不良环境影响并直接涉及公众环境权益的规划，应当在该规划草案报送审批前，举行论证会、听证会，或者采取其他形式，征求有关单位、专家和公众对环境影响报告书草案的意见"。"编制机关应当认真考虑有关单位、专家和公众对环境影响报告书的意见，并应当在报送审查的环境影响报告中附具对意见采纳或者不采纳的说明"。2005 年《国务院关于落实科学发展观　加强环境保护的决定》中提出："对涉及公众环境权益的发展规划和建设项目，通过听证会、论证会或社会公示等形式，听取公众意见，强化社会监督。"2006 年的《环境影响评价公众参与暂行办法》对专项规划制定中的环境影响评价公众参与作出了具体规定。2009 年《规划环境影响评价条例》对专项规划在制定、审查、跟踪评价过程中的公众参与作出了详细规定。①

环保总局明确立法公众参与程度　直接涉及公民利益要网上公开

（《法制日报》2007-04-19）

"对于直接涉及公民切身利益环保部门规章,要在国家环保总局政府网站上公开征求公众意见"。国家环保总局 2007 年 4 月 16 日就立法工作公众参与程度提出了这样的明确要求。据介绍,此前国务院法制办公室曾发布《关于进一步提高政府立法工作公众参与程度有关事项的通知》。就此,国家环保总局给出了回应。

国家环保总局提出,由该局负责起草法规的司(办、局),对国务院法制办选定需要通过中央主要媒体向社会公开征求意见的环保立法项目,要积极配合国务院法制办做好意见归纳、整理工作。

---

① 郄建荣：《环保总局明确立法公众参与程度,直接涉及公民利益要网上公开》，载《法制日报》2007 年 4 月 19 日。

国家环保总局要求，有两类情况可以通过其政府网站公开征求社会公众意见：一是对于直接涉及公民、法人或者其他组织切身利益或者涉及向社会提供公共务、直接关系到社会公共利益的环保部门规章；二是对于有关机关、组织或者公民有重大意见分歧的环保部门规章。对于这两类规章，国家环保总局要求，负责起草法规的部门，要根据总局局长专题会议审议意见形成征求意见稿，并在发送国务院有关部门、省级环保部门征求意见的同时，通过国家环保总局政府网站向社会公开征求意见。

对于创设行政许可事项的环保法律、行政法规草案，国家环保总局要求，可以通过国家环保总局政府网站向社会公开征求意见，也可以采取听证会等形式听取有关机关、组织和公民的意见。

对于涉及货物贸易、服务贸易、与贸易有关的知识产权的环保规章，则要将征求意见稿抄送商务部，以便在《中国对外贸易文告》上公布。

国家环保总局要求，对于合理的意见和建议，应当予以采纳。

第二节　公众参与环境立法和环境规划的意义

一、公众参与有利于提高环境立法和规划的质量

立法和规划过程充满利益博弈，环境领域更是如此。随着社会经济的发展，我国社会已经出现阶层分化的现象，存在不少社会利益群体。这些群体除了有共同利益之外，还有着自己特殊的利益。如主要"使用"环境资源的生产经营者与

主要"享受"生态环境的普通居民、河流的上下游、经济发达环境恶劣的发达地区与经济落后生态良好的不发达地区之间等，对于特定环境事务的立场常常因利益关系而充满争执。而拥有决定权的立法者往往难以全面了解实际情况，难以选择最符合公共利益的方案。尤其是那些人数众多的利益群体往往也是经济、社会地位处于弱势的、利益遭受压制的群体，其意愿难以反映到决策者那里。只有在决策过程中实行公众参与，让不同利益群体能够充分表达其合理诉求，在法律上体现其意志，才能避免褊狭，实现立法正义。同时，环境事务繁杂，仅靠行政部门一己之力，也难以制定符合实际的最佳方案。而公众在社会实践中积累有大量的宝贵经验，通过畅通信息反馈渠道，吸收民间建言献策，可以弥补行政机关难以获得全面的立法信息、处理信息能力不足的缺陷，为环境决策提供更多合理选择。

二、公众参与有助于增强环境立法和规划的实施效果

当前我国环境法治领域存在的一个突出问题是实效不彰，本身内容良好的法律得不到普遍有效的实施。对此，法制部门常常习惯于将之归结为民众法治观念低下，在其决策过程中没有很好地实现公众参与，民众对法律不理解甚至不知情也是一个重要方面。法律绝不是仅由少数立法者制定出来凭国家强制力就可以顺利实施的。民众的认可和接受才是其实施的根本保证，而民众的切身参与又是其接受和认可法律的根本。"一项集体决定之所以具有令全体成员（包括持少数意见者）信服的效力，是因为它是在让每个成员自由表达意见后形成的，而不是仅仅按照法律规则形成了一致意见。"[1] 在立法和规划之前倾听各方面的意见，是决策顺利实施的保证。公众参与机制可以在相当程度上赋予决策的正统性、民意性和权威性，使所立法律和规划易于被公众接受和服从。利益相关人通过参与决策，增加了对决策的理解和认同，在实施时能主动配合执法机关执法，还能监督执法机关的执法。尤其是由于环境利益关系错综复杂，立法并不能总是做到满足各方利益，而常常不得不为了公共利益而牺牲或抑制一部分主体的利益，如划定自然保护区可能牺牲当地民众的经济发展利益。对此，就更加有必要吸收公众，尤其是利益被牺牲的民众参与立法过程，表达意见和建议。法律可能是对我不利的，

---

[1] 蔡定剑：《公众参与：欧洲的制度和经验》，法律出版社 2009 年版，第 5 页。

但我参与确定法律的过程使我有义务承认它们的合法性并服从它们。^①

三、公众参与有助于保证环境权力的正当、积极行使

不可否认，现代社会环境保护必须发挥政府的主导作用，加强政府对社会主体环境活动的监督和管理是进行环境保护的基本途径。但要注意的是，政府虽然一般来说能够成为公益的代表，但也有其自我利益，尤其是政府的组成人员都有着与社会公益不一致的个人利益。如果缺乏有效的制约，难保不会出现以权谋私等背离行政权力设立初衷的行为。而通过立法公众参与的引入，则能够有效保证政府环境权力行使的正当性和积极性。一方面，公众参与使利益各方能够充分表达自己的意愿，确保行政机关充分听取各方意见和辩解，保证行政立法对利益调整的公正性，使得各种利益都能受到平等的保障。公众参与还可以通过程序控制行政权，避免行政立法权的专横和恣意。公众参与行政立法的过程，不仅是行政立法程序的一种利益表达机制，而且会对行政立法的内容产生影响，虽然不排除行政机关的主导作用，但是公众参与由于其公开性迫使行政机关不得不考虑各种利益群体的意见，将其融入行政立法之中，在一定程度上避免了由于关门立法可能产生的恣意专横和立法偏私现象。^② 另一方面，环境事务与通常社会事务不同，其不仅赋权给相应的管理部门，而且要求行政主体积极运用被赋予的职权，主动地从事相应管理活动，也即"积极行政"。如对污染企业进行查处，或对某一重要生态环境进行治理等。这就要求在涉及行政权力的相关立法中要同时规定行政部门的相关责任，加以一定程度的约束。但这种情况在完全由行政主体主导立法情况下很少出现，因为行政立法的部门很少"自我加压"自己规定自己的责任。只有引入公众参与机制，吸纳公众意见，才有可能建立科学的制约机制，保证行政部门积极履行职权。

第三节　公众参与环境立法的方式和程序

公众参与环境立法可以分为参与法律制定、参与行政法规制定、参与规章制

①陈雪堂，黄信瑜：《公众参与环境保护立法论》，载《黑龙江省政法管理干部学院学报》2010 年第 6 期。
② 曾祥华：《论公众参与及其行政立法的正当性》，载《中国行政管理》2004 年第 12 期。

定等类别。我国环境立法公众参与的程序和方法，主要包括以下内容。

一、法律草案制定阶段

按照现行法律法规的规定，法律草案在制定阶段并没有明确的公众参与要求，而在行政法规和规章的草案制定中，公众参与则是必经程序，但公众参与的方式较为多元，立法机关可灵活选择。在实践中，主要有以下几种形式：

（一）立法听证

立法听证是指立法机关在制定或修改涉及公众或公民权益的法案时，听取利益相关者、社会各方及有关专家的意见并将这种意见作为立法依据或参考的制度形式和实践活动。听证会只是听取公众意见的一种形式，仅为审议法案时作为参考。立法听证通常分为听证准备、听证举行、听证后处理等三个阶段，立法听证一般采取公开形式，并允许媒体参与。

值得关注的是，《环境保护行政许可听证暂行办法》第 39 条规定，环境保护行政主管部门受权起草的环境保护法律、法规，或者依职权起草的环境保护规章，直接涉及公民、法人或者其他组织切身利益，有关机关、组织或者公民对草案有重大意见分歧的，环境保护行政主管部门可以采取听证会形式，听取社会意见。

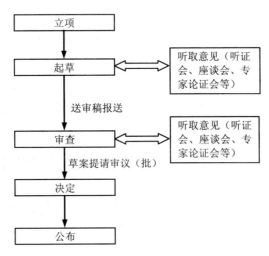

图 3-1 法规规章草案制定阶段公众参与

（二）公布"征求意见稿"征求意见

征求意见稿是立法活动所特有的一种公众参与方式，使公众在了解草案大概的情况下再发表自己的意见，比草案尚未成型时的参与更有针对性，有效性更高。《环境保护法规制定程序办法》第 12 条规定，负责起草工作的司（办、局）应当根据总局局长专题会议审议意见，对征求意见稿草案进行修改，形成环境保护法规征求意见稿及其说明，以总局局函发送省级环境保护部门、国务院有关部门征求意见。负责起草工作的司（办、局）可以根据环境保护法规征求意见稿内容所涉及的范围，征求有关地方人民政府、省级以下环境保护部门、有代表性的企业和公民的意见。征求意见稿的说明，应当包括立法必要性、主要制度和措施等主要内容的说明。第 13 条规定，环境保护法规直接涉及公民、法人或者其他组织切身利益的，可以公布征求意见稿，公开征求意见。

（三）论证会、座谈会

在法案制定阶段，立法机关往往从政法院校、研究单位及法律实务部门中聘请专家学者担任其立法顾问，对制定过程中碰到的疑难问题进行研究，提出论证意见，或者根据需要举行座谈会，邀请与法案有关的政府行政部门、司法机关人员及法学专家参加，以使各方面的意见特别是不同意见都能得到真实反映。

二、法律草案审查阶段

在法律草案审查阶段，虽然公众并没有直接的提案权和表决权，而主要是权力机关对草案的"合法性"进行审查，但在此过程中也有必要引入一定程度的公众参与，使公众能够对拟议中的法规进行审议和评论。主要有以下方式：

（一）公开草案征集意见

一般情况下，事关人民切身利益或社会影响较大的立法，立法机关往往会把立法草案通过报刊、媒体加以公布，在收集公众意见以后，立法起草机构结合意见加以修改，最后才形成正式的法律草案，提交立法机关讨论、通过。

行政法规草案除涉及国家秘密、国家安全、汇率和货币政策确定等不宜向社会公开征求意见的外，原则上都应通过中国政府法制信息网（http://www.chinalaw.gov.cn/）向社会公开征求意见。[①]

经国务院领导同意通过中央主要媒体公开征求意见的法律法规项目，承办司应当交由秘书行政司通过《人民日报》、《法制日报》、中央政府门户网站等媒体向社会公布，并同时在中国政府法制信息网上予以公布。

仅通过中国政府法制信息网公开征求意见的行政法规草案向社会公开征求意见的，承办司应当在报请分管办领导、办主任批准后，交由秘书行政司送信息中心在中国政府法制信息网上公布；同时，由秘书行政司联系在中央有关媒体上发布消息。

公开时限：行政法规草案在中国政府法制信息网上公开征求意见的期限一般不少于30天，情况紧急等特殊情况除外。

（二）书面征求有关单位和专家意见

《行政法规制定程序办法》第19条第1款规定："国务院法制机构应当将行政法规送审稿或者行政法规送审稿涉及的主要问题发送国务院有关部门、地方人民政府、有关组织和专家征求意见。"《规章制定程序办法》第20条规定：法制机构应当将规章送审稿或者规章送审稿涉及的主要问题发送有关机关、组织和专家征求意见。实践中的通常做法为立法机关将立法草案尤其是需要咨询的重点问题及相关说明资料发送有关部门、组织和专家征求意见，汇总意见后再对法规草案进行修改。

（三）征求基层公众意见

为了能更好地反映基层民众的利益需求，一些法规还专门规定就主要问题听取基层民众意见。《行政法规制定程序办法》第20条规定："国务院法制机构应当就行政法规送审稿涉及的主要问题，深入基层进行实地调查研究，听取基层有关机关、组织和公民的意见。"《规章制定程序办法》第21条规定："法制机构应当就规章送审稿涉及的主要问题，深入基层进行实地调查研究，听取基层有关机关、组织和公民的意见。"征求意见的方式包括基层实地调研、与基层民众座谈等。

---

① 《国务院法制办公室法律法规草案公开征求意见暂行办法》第3～8条。

> ## 《环保部回应大气法修法批评：饭要一口一口吃》①
>
> 2015 年 8 月《大气污染防治法》（简称《大气法》）修订草案报送全国人大常委会三审引发争议后，环保部首次就《大气法》修法过程中遇到的专家质疑作出公开回应。环保部副部长潘岳就此接受媒体采访。
>
> 此前在《大气法》修订期间，在一些公开媒体上，有专家发出诸如"延迟三审""回炉重造"或者"大改"的呼吁。专家们建言，大气治理中总量控制只是手段而不是目标，环境质量才是目标。如果此次修法中二者法律地位颠倒，像过去那样不去着重对目标进行考核而是去考核手段，必然出现现在这种减排任务完成，环境质量却未改善的局面。
>
> 潘岳表示修法过程中，很多环保专业人士认为当前污染物排放总量下降，但环境质量改善不明显，考核质量改善比考核总量减排便于公众监督，这完全正确。新《大气法》已经吸纳了这些意见。环境质量的改善是检验环保工作的唯一标准，环保部门需要在过去工作基础上，进一步完善工作思路，改进考核方法，直接回应公众的期待，让环保考核工作和老百姓的感觉直接挂钩。他说，环保部将继续吸纳社会各界的建议，提高大气污染治理水平。
>
> 在全国人大常委会办公厅举行的新闻发布会上，全国人大常委会法工委行政法室副主任童卫东对"网络媒体对大气污染防治法提出了一些批评"作出正式回应。童卫东表示，对立法过程中存在不同批评和不同意见非常正常，立法不是每个人的意见都要吸收和采纳。立法是民主决策的过程，每一个意见都有记录，每个问题都有充分的讨论，最后通过民主表决的方面形成法律案。因此，对这部法律案我们说没有人能够操纵立法。

（四）召开座谈会、论证会

对于立法草案中的重大、疑难问题，要更加注重专家及利害关系者的参与和论证。《行政法规制定程序办法》第 21 条规定："行政法规送审稿涉及重大、疑难问题的，国务院法制机构应当召开由有关单位、专家参加的座谈会、论证会，听取意见，研究论证。"《规章制定程序办法》第 22 条规定："规章送审稿涉及重大

---

① 周辰：《环保部回应大气法修法批评：饭要一口一口吃，路要一步一步走》，澎湃新闻网 http://www.thepaper.cn/newsDetail_forward_1372293_1

问题的，法制机构应当召开由有关单位、专家参加的座谈会、论证会，听取意见，研究论证。"《环境保护法规制定程序办法》第 18 条第 1 款规定："在审查过程中，法规司认为环境保护法规草案送审稿涉及的法律问题需要进一步研究的，法规司可以组织实地调查，并可召开座谈会、论证会，听取意见。"

（五）举行听证会

在立法草案审议阶段，对于有重大争议问题或直接涉及公众切身利益的草案，也可以召开听证会，征求公众意见。《行政法规制定程序办法》第 22 条规定："行政法规送审稿直接涉及公民、法人或者其他组织的切身利益的，国务院法制机构可以举行听证会，听取有关机关、组织和公民的意见。"《规章制定程序办法》第 23 条规定："规章送审稿直接涉及公民、法人或者其他组织切身利益，有关机关、组织或者公民对其有重大意见分歧，起草单位在起草过程中未向社会公布，也未举行听证会的，法制机构经本部门或者本级人民政府批准，可以向社会公布，也可以举行听证会。"《环境保护法规制定程序办法》第 18 条第 2 款规定："环境保护法规草案送审稿创设行政许可事项，或者直接涉及公民、法人或者其他组织切身利益，有关机关、组织或者公民对其有重大意见分歧的，法规司和负责起草工作的司（办、局）可以采取听证会等形式，听取有关机关、组织和公民的意见。"

三、法律规范实施阶段

法律一经生效，即进入实施阶段。在规范实施阶段，仍有必要通过一定方式吸收公众参与，听取公众意见。例如，举行监督听证会或座谈会，公开听取公众对法律规范实施情况的意见以及对法律规范修改的建议，了解法律规范实施情况和反映执法过程中存在的问题，以便适时对法律规范进行修改、清理或废止。在这一阶段，实践中较为成熟的做法是立法"后评估"制度，即由立法机关委托具有资质的学术单位或社会团体对某一法规的实施情况、实施绩效、存在问题进行跟踪调查，提出相应的完善建议。

中国政府法制信息网（http://www.chinalaw.gov.cn/）

四、国外公众参与环境立法的经验

（一）经合组织国家的公众参与环境立法①

在经合组织（OECD）国家，公众参与政府立法和政策制定过程中，立法者与相关利益团体之间有三种互动形式，即"公众咨询"（Consultation）、"通告"（Notification）和"参与"（Participation）。

"公众咨询"指规制者主动向利益团体和受规制影响的团体征求意见的过程。公众咨询是一种双向的信息交流，可以在从所要规范问题的确认到对现行法规进行评估全过程的任何阶段进行。

"通告"指将规制决定的信息向公众公开，它是法治的一个重要环节，是一种单向沟通过程。

"参与"指利益团体主动参与制定规制目标、规制政策、规制措施或法规文本

①国务院法制办译审外事司 贾渭茜、冯光翻译整理《经合组织成员国的公众咨询方式》，http://www.chinalaw.gov.cn/article/dfxx/zffzyj/200903/20090300129176.shtml。

草拟的程序。

三者虽然联系密切，但相比较而言，公众咨询在提高规制透明度、规制效率和规制效果方面发挥了更为重要的作用。根据咨询对象、程序的正式程度和沟通手段的不同，总体上有五种公众咨询方式。

1. 非正式咨询（Informal Consultation）

非正式咨询，包括规制者和利益团体间各种形式的、自由的、临时的接触。这种接触可以采取很多形式，如电话、信函、非正式会议等，而且可以在规制过程的任何阶段进行，其主要目的是从利益相关方收集信息。非正式咨询的缺点在于其有限的透明度和问责性。利益团体是否能够参与到非正式咨询程序，完全取决于规制者的自由裁量。

几乎所有经合组织成员国都在采用非正式咨询程序。英国、法国、日本、加拿大等政府积极鼓励规制部门开展非正式咨询，而美国的非正式咨询则受到诸多质疑，被认为违反了开放和平等参与的原则，违反了行政程序法有关所有利益相关方平等参与的要求。

2. 公开规制方案供公众评论（Circulation of Regulatory Proposals Comment）

以这种形式征求公众意见成本很低，可以充分收集受影响各方的信息。在时间选择、范围和回应形式上也更灵活，并且公开过程一般有法律、政策上的依据，更系统、更有组织和常规化。这一程序的缺点是，谁能参与咨询完全由规制部门决定，因此一些松散的团体会处于弱势。

3. 公众通知和评论（Public Notice-and-Comment）

这个形式更加开放，更具包容性，通常是有组织的和正式的。公众通知意味着所有利益相关方都有机会了解规制方案的内容，从而提出评论意见。通常会提供一系列常规的背景信息，包括规制方案的草案、政策目标和需要解决的问题，尤其是规制影响分析。这些信息，尤其是规制影响分析，能够大大提高公众的有效参与。不过大部分国家发现，除了一些社会上争议较大的规制方案外，其他规制方案的参与度都很低。

通知和评论程序在一些经合组织成员国有很长的历史，而且近年来应用更为广泛。它最早于 1946 年在美国被应用于低层级规章的制定。美国的模式在程序上最僵化，其理论基础是，向所有公民而不仅仅是利益集团公开。这与向利益代表集团进行咨询有所区别，也与规制者自由裁量向哪些公众征求意见的非正式程序不同。它的作用是，确保规制不会对特殊群体利益产生不正当影响，从而提高规制政策的质量和合法性。

在美国和葡萄牙，这一程序是法定程序，并接受司法审查；而加拿大则是通过不具有法律效力的政策指令来适用这一程序。在丹麦，虽然通知和评论程序也被广泛地应用于"非常重要"的低层级规章的制定过程中，但是并没有正式的和系统的要求。

4．公开听证（Public Hearings）

在经合组织成员国，听证会很少作为独立的程序使用，通常是作为对其他咨询程序的补充。在美国，如果有必要，听证会一般是与通知和评论程序结合在一起的。听证会的一个致命缺点在于，听证会可能是一个单独的事件，某些利益团体有可能并不知情，因此需要进行更多的协调和规划，确保充分知情权。而且，由于众多意见不同的团体和个人同时与会，使得讨论变得复杂并融入了一些情绪化的因素，从而降低了通过听证获取信息的效果。

5．顾问机构（Advisory Bodies）

顾问机构是经合组织成员国使用最普遍的公众咨询手段。约有 21 个成员国在规制过程中使用某种形式的顾问机构。顾问机构参与规制过程的所有环节，但在规制早期阶段最为常用，以协助确定政策立场和政府的选择。顾问机构主要有两种：一种是寻求共识的利益团体，他们自行协商各种程序；另一种是专家组成的技术顾问机构，他们的目标是为规制者提供信息。第一种顾问机构往往具有长期授权，而技术性机构常常是针对某一具体事项而成立的临时性机构。

顾问机构的作用是，或对规制者的方案做出反应，如荷兰社会经济理事会和德国专家顾问委员会；或者作为某一特定领域的规章制定机构，如英国健康安全委员会。

（二）经合组织国家的公众参与环境立法的问题与经验

已有 27 个经合组织成员国政府开展了公众咨询。目前各成员国咨询程序面临的挑战是，数据收集成本很高，以及与被咨询方沟通过程不够透明。

经合组织规制质量指标最新调查结果表明，在公众参与立法过程中有几个问题值得注意：（1）为了让所有的利益相关方都能参与进来，咨询程序不能太复杂，成本不能太高。（2）要防止咨询被那些获得大量资助或具备丰富立法知识的团体所控制。（3）咨询制度的设计应当根据各国不同情况因地制宜。为提高咨询效果，这种灵活性尤为重要。（4）在某些情况下，对于难以或很少参与咨询的利益相关方，应当专门创造针对他们的沟通机会。①

专栏：《杭州市机动车排气污染防治条例》制定中的公众参与

1999 年杭州市人大常委会通过的《杭州市机动车辆排气污染物管理条例》自颁布实施以来，对防治机动车排气污染，保护和改善大气环境，促进社会经济协调发展发挥了积极作用。但随着社会经济不断发展，尤其是 2005 年以来杭州机动车数量暴增，排气污染状况恶化，以及人们对环境质量要求的提高，原《条例》已不能适应当前机动车排气污染治理的实际需要，要求进一步修改、补充和完善条例的社会呼声很高。

杭州市人大和政府对公众要求加强机动车排气污染治理的呼声给予了高度重视，把对条例的修改、完善提上了正式立法日程。2009 年 6 月，杭州市环保局接受委托，着手条例修改的具体工作。为了更好地了解原《条例》的实施情况，发现问题，了解民意，以便对症下药、有的放矢地解决问题，市环保局除了组织内部力量对条例实施情况进行调研，起草修改稿，以及在官方网站以问卷形式就重点问题公开征集公众意见之外，还专门委托相关专家组成专项课题组对条例进行"后评估"。课题组主要进行三方面的工作：一是从纯粹法理和规范角度对《条例》进行分析和研究，研究其法律依据、制度体系、概念用语、立法技术等层面的问题；二是通过实地考察、走访座谈、问卷调查、论证会等形式对《条例》的执行情况和实

---

① 《关于〈杭州市机动车排气污染防治条例（草案）〉审议结果的报告》，http://z.hangzhou.com.cn/11jrd22chy/content/2010-04/20/content_3238619.htm。

施效果进行实证层面的考察，并认真听取社会各界对《管理条例》及机动车排气污染治理工作的意见和建议；三是考察国内其他兄弟城市的相关立法及治理情况，参考其先进经验，进行比较研究。经过细致、深入的调研，课题组基本掌握了《条例》的实际情况，对其实施绩效、存在问题进行了梳理和挖掘，并结合杭州社会发展的实际情况，以立法的科学、高效、公平为原则，在借鉴其他地区先进经验基础上对《条例》修改的必要性作出论证，对完善方向和重点领域提出了重要建议。

课题组撰写的《"后评估"报告》认为，原《杭州市机动车辆排气污染物管理条例》为杭州机动车排气污染治理确立了法律依据，建立起较为系统的管理体制，具有积极意义，但存在"实施范围过窄"、"管理体制不顺"、"检测方法滞后"、"制度不够具体"、"车辆产、销、维修环节监管不足"、"油品监管不足"、"立法技术不够规范"、"管理理念滞后"、"公众参与不足"等问题，且规定较为笼统、抽象，可操作性不强，造成实践领域许多制度执行困难或操作不规范，不适应加强治理的实践需求，必须进行重大修改。由于原条例名称不够科学、规范，且需要修改、补充的内容较多，在不改变《杭州市机动车辆排气污染物管理条例》基本框架的情况下，仅修改其部分条文，难以满足杭州机动车排气污染管理实际需要，课题组最终提出了以"杭州市机动车排气污染防治条例"为名重新制定条例的建议，并提出"扩大实施范围"、"理顺管理体制"、"落实信息公开，加强公众参与"、"健全管理制度"、"强化法律责任"、"调整规范体系"、"规范概念使用"等具体修改意见。

报告的意见受到杭州市环保局、法制办及人大常委会的高度重视，经过慎重讨论，立法机构放弃了最初仅对《杭州市机动车辆排气污染物管理条例》进行局部修改的方案，而是以原条例为基础重新制定《杭州市机动车排气污染防治条例》。在草案制定阶段，环保部门多次召开座谈会，会同交警、工商、质检等相关部门，公交集团、出租车公司、物流公司、私家车主代表等利益相关方，以及相关专家共同讨论草案涉及的重大问题。2009 年 11 月 10 日，杭州市政府召开第 48 次会议讨论"制订《杭州市机动车排气污染防治条例（草案）》问题"，会议采取网上直播形式向社会公众开放，时任杭州市市长蔡奇主持会议并通过视频连线听取了两位公众代表的意见。这些意见在草案制定中得到了慎重考虑。2009 年 12 月，杭州市人大常委会审议了市政府提请的《杭州市机动车排气污染防治条例（草案）》。会后，法制委员会根据常委会的审议意见和城建环保委员会的审议意见，分别在萧山区、淳安县召开了由环保、交通、公安、质监、工商、政府法制等部门及机动车所有人、销售单位、维修单位代表参加的座谈会，同时将条例草案送市人大代表和各区、县

（市）人大常委会征求意见，并分别征求了市人大常委会立法咨询委员会、省人大常委会法工委的意见。2010 年 1 月 4 日，法制委员会还将条例草案在杭州人大网登载，公开向社会征求意见。2010 年 4 月 9 日，法制委员会举行会议，对条例草案进行审议和修改，形成条例草案修改稿，提请常委会会议通过。该草案最终于 2010 年 4 月 21 日杭州市第 11 届人民代表大会常务委员会第 22 次会议中审议通过，自 2010 年 10 月 1 日起正式施行。

第四节　公众参与环境规划的方式和程序

对公众参与环境规划的规定，主要是体现为参与专项规划与参与综合性规划。根据《环境影响评价公众参与暂行办法》第 33 条和《规划环境影响评价条例》第 13 条的规定，目前只有对公众参与专项规划予以了明确规定。

《规划环境影响评价条例》第 13 条规定，规划编制机关对可能造成不良环境影响并直接涉及公众环境权益的专项规划，应当在规划草案报送审批前，采取调查问卷、座谈会、论证会、听证会等形式，公开征求有关单位、专家和公众对环境影响报告书的意见。但是，依法需要保密的除外。有关单位、专家和公众的意见与环境影响评价结论有重大分歧的，规划编制机关应当采取论证会、听证会等形式进一步论证。规划编制机关应当在报送审查的环境影响报告书中附具对公众意见采纳与不采纳情况及其理由的说明。

规划环境影响评价公众参与方式和程序如下：

一、环评文件制定阶段的公众参与

《环境影响评价公众参与暂行办法》第 33 条规定，根据《环境影响评价法》第 8 条和第 11 条的规定，工业、农业、畜牧业、林业、能源、水利、交通、城市建设、旅游、自然资源开发的有关专项规划（以下简称"专项规划"）的编制机关，对可能造成不良环境影响并直接涉及公众环境权益的规划，应当在该规划草案报送审批前，举行论证会、听证会，或者采取其他形式，征求有关单位、专家和公众对环境影响报告书草案的意见。第 34 条规定，专项规划的编制机关应当认真考虑有关单位、专家和公众对环境影响报告书草案的意见。

二、环评文件审查阶段的公众参与

为保证规划环评审批的公正，规划环评文件审批实行"审查小组"制度，由环境保护主管部门召集有关部门代表和专家组成审查小组，对环境影响报告书进行审查。审查小组所提交的书面审查意见作为政府有关部门审批专项规划草案时的重要参考。

审查意见应当包括公众意见采纳与不采纳情况及其理由的说明的合理性。对未附具对公众意见采纳与不采纳情况及其理由的说明，或者不采纳公众意见的理由明显不合理的；审查小组应当提出对环境影响报告书进行修改并重新审查的意见。

审查小组的专家应当从依法设立的专家库内相关专业的专家名单中随机抽取。但是，参与环境影响报告书编制的专家，不得作为该环境影响报告书审查小组的成员。审查小组中专家人数不得少于审查小组总人数的1/2。审查小组的成员应当客观、公正、独立地对环境影响报告书提出书面审查意见，规划审批机关、规划编制机关、审查小组的召集部门不得干预。

规划审批机关在审批专项规划草案时，应当将审查意见作为决策的重要依据；对审查意见不予采纳的，应当逐项就不予采纳的理由作出书面说明，并存档备查。有关单位、专家和公众可以申请查阅；但是，依法需要保密的除外。

三、跟踪评价阶段

《环境影响评价法》第15条规定："对环境有重大影响的规划实施后，编制机关应当及时组织环境影响的跟踪评价，并将评价结果报告审批机关；发现有明显不良环境影响的，应当及时提出改进措施。"根据《规划环境影响评价条例》的规定，规划环境影响跟踪评价的具体内容包括：规划实施后实际产生的环境影响与环境影响评价文件预测可能产生的环境影响之间的比较分析和评估；规划实施中所采取的预防或者减轻不良环境影响的对策和措施有效性的分析和评估；公众对规划实施所产生的环境影响的意见；跟踪评价的结论。该条例第26条规定："规划编制机关对规划环境影响进行跟踪评价，应当采取调查问卷、现场走访、座谈会等形式征求有关单位、专家和公众的意见。"

附录：公众参与环境立法与环境规划法律法规摘录

行政法规制定程序条例（节选）

（国务院令第 321 号，自 2002 年 1 月 1 日起施行）

第十二条 起草行政法规，应当深入调查研究，总结实践经验，广泛听取有关机关、组织和公民的意见。听取意见可以采取召开座谈会、论证会、听证会等多种形式。

第十九条 国务院法制机构应当将行政法规送审稿或者行政法规送审稿涉及的主要问题发送国务院有关部门、地方人民政府、有关组织和专家征求意见。国务院有关部门、地方人民政府反馈的书面意见，应当加盖本单位或者本单位办公厅（室）印章。

重要的行政法规送审稿，经报国务院同意，向社会公布，征求意见。

第二十条 国务院法制机构应当就行政法规送审稿涉及的主要问题，深入基层进行实地调查研究，听取基层有关机关、组织和公民的意见。

第二十一条 行政法规送审稿涉及重大、疑难问题的，国务院法制机构应当召开由有关单位、专家参加的座谈会、论证会，听取意见，研究论证。

第二十二条 行政法规送审稿直接涉及公民、法人或者其他组织的切身利益的，国务院法制机构可以举行听证会，听取有关机关、组织和公民的意见。

规章制定程序条例（节选）

（国务院令第 322 号，自 2002 年 1 月 1 日起施行）

第四条 制定规章，应当切实保障公民、法人和其他组织的合法权益，在规定其应当履行的义务的同时，应当规定其相应的权利和保障权利实现的途径。

第十四条　起草规章，应当深入调查研究，总结实践经验，广泛听取有关机关、组织和公民的意见。听取意见可以采取书面征求意见、座谈会、论证会、听证会等多种形式。

第十五条　起草的规章直接涉及公民、法人或者其他组织切身利益，有关机关、组织或者公民对其有重大意见分歧的，应当向社会公布，征求社会各界的意见；起草单位也可以举行听证会。听证会依照下列程序组织：

（一）听证会公开举行，起草单位应当在举行听证会的 30 日前公布听证会的时间、地点和内容；

（二）参加听证会的有关机关、组织和公民对起草的规章，有权提问和发表意见；

（三）听证会应当制作笔录，如实记录发言人的主要观点和理由；

（四）起草单位应当认真研究听证会反映的各种意见，起草的规章在报送审查时，应当说明对听证会意见的处理情况及其理由。

第二十条　法制机构应当将规章送审稿或者规章送审稿涉及的主要问题发送有关机关、组织和专家征求意见。

第二十一条　法制机构应当就规章送审稿涉及的主要问题，深入基层进行实地调查研究，听取基层有关机关、组织和公民的意见。

第二十二条　规章送审稿涉及重大问题的，法制机构应当召开由有关单位、专家参加的座谈会、论证会，听取意见，研究论证。

第二十三条　规章送审稿直接涉及公民、法人或者其他组织切身利益，有关机关、组织或者公民对其有重大意见分歧，起草单位在起草过程中未向社会公布，也未举行听证会的，法制机构经本部门或者本级人民政府批准，可以向社会公布，也可以举行听证会。

第三十五条　国家机关、社会团体、企业事业组织、公民认为规章同法律、行政法规相抵触的，可以向国务院书面提出审查的建议，由国务院法制机构研究处理。

国家机关、社会团体、企业事业组织、公民认为较大的市的人民政府规章同法律、行政法规相抵触或者违反其他上位法的规定的，也可以向本省、自治区人民政府书面提出审查的建议，由省、自治区人民政府法制机构研究处理。

国务院法制办公室法律法规草案公开征求意见暂行办法（节录）

（2007 年 3 月 29 日制定，2008 年 1 月 30 日第 1 次修订，

2011 年 7 月 22 日第 2 次修订）

第三条　行政法规草案除涉及国家秘密、国家安全、汇率和货币政策确定等不宜向社会公开征求意见的外，原则上都应通过中国政府法制信息网（http://www.chinalaw.gov.cn/）向社会公开征求意见。

第四条　法律法规草案原则上应当在征求有关地方、部门和其他相关单位的意见、予以修改后，向社会公开征求意见。法律法规送审稿比较成熟的，也可以直接向社会公开征求意见。

公布法律法规草案向社会公开征求意见的，还应当正式印送有关地方、部门和其他相关单位征求意见。

第五条　经国务院领导同意通过中央主要媒体公开征求意见的法律法规项目，承办司应当交由秘书行政司通过《人民日报》、《法制日报》、中央政府门户网站等媒体向社会公布，并同时在中国政府法制信息网上予以公布。

第六条　仅通过中国政府法制信息网公开征求意见的行政法规草案向社会公开征求意见的，承办司应当在报请分管办领导、办主任批准后，交由秘书行政司送信息中心在中国政府法制信息网上公布；同时，由秘书行政司联系在中央有关媒体上发布消息。

行政法规草案在中国政府法制信息网上公开征求意见的期限一般不少于 30 日，情况紧急等特殊情况除外。

第七条　法律法规草案向社会公开征求意见的，应当在公布草案或者其主要内容的同时，公布征求意见说明、向公众介绍征求意见的重点，并列明公众提出意见和建议的方式、期限以及拟接收意见和建议的单位及其通讯地址、电子信箱等信息。

环境影响评价公众参与暂行办法（节选）

（环发[2006]28 号，自 2006 年 3 月 18 日起施行）

第四章　公众参与规划环境影响评价的规定

第三十三条　根据《环境影响评价法》第八条和第十一条的规定，工业、农业、畜牧业、林业、能源、水利、交通、城市建设、旅游、自然资源开发的有关专项规划（以下简称"专项规划"）的编制机关，对可能造成不良环境影响并直接涉及公众环境权益的规划，应当在该规划草案报送审批前，举行论证会、听证会，或者采取其他形式，征求有关单位、专家和公众对环境影响报告书草案的意见。

第三十四条　专项规划的编制机关应当认真考虑有关单位、专家和公众对环境影响报告书草案的意见，并应当在报送审查的环境影响报告书中附具对意见采纳或者不采纳的说明。

第三十五条　环境保护行政主管部门根据《环境影响评价法》第十一条和《国务院关于落实科学发展观　加强环境保护的决定》的规定，在召集有关部门专家和代表对开发建设规划的环境影响报告书中有关公众参与的内容进行审查时，应当重点审查以下内容：

（一）专项规划的编制机关在该规划草案报送审批前，是否依法举行了论证会、听证会，或者采取其他形式，征求了有关单位、专家和公众对环境影响报告书草案的意见；

（二）专项规划的编制机关是否认真考虑了有关单位、专家和公众对环境影响报告书草案的意见，并在报送审查的环境影响报告书中附具了对意见采纳或者不采纳的说明。

第三十六条　环境保护行政主管部门组织对开发建设规划的环境影响报告书提出审查意见时，应当就公众参与内容的审查结果提出处理建议，报送审批机关。

审批机关在审批中应当充分考虑公众意见以及前款所指审查意见中关于公众参与内容审查结果的处理建议；未采纳审查意见中关于公众参与内容的处理建议的，应当作出说明，并存档备查。

第三十七条　土地利用的有关规划、区域、流域、海域的建设、开发利用规划的编制机关，应当根据《环境影响评价法》第七条和《国务院关于落实科学发展观　加强环境保护的决定》的有关规定，在规划编制过程中组织进行环境影响评价，编写该规划有关环境影响的篇章或者说明。

土地利用的有关规划、区域、流域、海域的建设、开发利用规划的编制机关，在组织进行规划环境影响评价的过程中，可以参照本办法征求公众意见。

第四章　公众参与环境影响评价

第一节　公众参与环境影响评价制度概述

环境影响评价（Environmental Impact Assessment，EIA）是指对规划和建设项目实施后可能造成的环境影响进行分析、预测和评估，提出预防或者减轻不良环境影响的对策和措施，进行跟踪监测的方法和制度。

公众参与环境影响评价是我国现有公众参与法制中规定得最为丰富的一项权利（见图 4-1），这项权利最早在 1998 年国务院发布实施的《建设项目环境保护管理条例》中出现时，其主体仅限于"建设项目所在地有关单位和居民"，但众所周知，环境影响具有波及性和扩散性，高速公路、铁路的选址关乎全国各地出行者的利益，在河流上游筑坝不当会殃及整个流域的生产、生活和生态利益。在吸收各界意见的基础上，2003 年施行的《环境影响评价法》较前有了很大进步，该法第 5 条规定："国家鼓励有关单位、专家和公众以适当方式参与环境影响评价。"2006 年国家环境保护总局公布实施的《环境影响评价公众参与暂行办法》对公众参与的原则、范围、形式作了进一步规定。

2014 年 4 月 24 日修订通过的新《环境保护法》第 56 条进一步在环保基本法中确立了环境影响评价的地位："对依法应当编制环境影响报告书的建设项目，建设单位应当在编制时向可能受影响的公众说明情况，充分征求意见。负责审批建设项目环境影响评价文件的部门在收到建设项目环境影响报告书后，除涉及国家秘密和商业秘密的事项外，应当全文公开；发现建设项目未充分征求公众意见的，应当责成建设单位征求公众意见。"

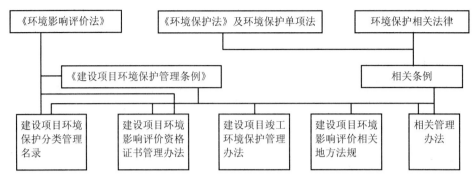

图 4-1　建设项目环境影响评价法规体系

我国公众参与环境影响评价立法仍待完善

我国有关环境影响评价立法中的公众参与条款仍存在以下一些问题：

首先，公众参与环境影响评价的前提是公众对相关环境信息的充分知晓，但根据国家环境保护总局公布实施的《环境信息公开办法(试行)》的规定，环境信息包括政府环境信息和企业环境信息，环保部门有及时、准确地公开政府环境信息的义务，对企业而言，只有超标准、超总量排污企业属于强制性公开其环境信息之列，更多企业对其环境信息可以自愿公开，这就潜藏着更多企业的日常环境信息公众并不知晓的可能。虽然《环境信息公开办法(试行)》规定建设单位或其委托的环境影响评价机构应将建设项目及其对环境可能造成的影响等向公众公告，但公众仅凭建设单位公告的内容来参与对其建设项目的环境影响评价就变得十分被动，无法将公告的内容与企业日常环境信息和环境形象形成对照来作出全面、客观的判断。

其次，《环境信息公开办法(试行)》有关"希望参加听证会的公民、法人或其他组织应提出申请并提出自己所持意见的要点，准予旁听听证会的人数及人选由听证会组织者确定"的规定有服从性规定之嫌，使公众参与环境影响评价缺乏必要的激励。

最后，对规划的环境影响评价规定仍然比较笼统，实践中可操作性不强，导致规划环评的公众参与基本流于形式。

第二节　公众参与环境影响评价的类型

根据《环境影响评价法》，环评分为对规划进行环评和对建设项目进行环评两大类。

一、建设项目环境影响评价

《环境影响评价法》第 11 条明确规定了公众参与环境影响评价的权利。根据《环境影响评价公众参与暂行办法》，公众有权参与以下建设项目的环评过程：

1. 对环境可能造成重大影响，应当编写环境影响报告书的项目；

2. 环境影响报告书经批准后，项目的性质、规模、地点、采用的生产工艺或者防治污染、防止生态破坏的措施发生重大变动，建设单位应当重新报批环境影响报告书的建设项目；

3. 环境影响报告书自批准之日起超过五年方决定开工建设，其环境影响报告书应当报原审批机关重新审核的建设项目。

《建设项目环境保护管理条例》进一步明确，国家根据建设项目对环境的影响程度，对不同类型建设项目的环境保护实行分类管理：①建设项目对环境可能造成重大影响的，应当编制环境影响报告书，对建设项目产生的污染和对环境的影响进行全面、详细的评价；②建设项目对环境可能造成轻度影响的，应当编制环境影响报告表，对建设项目产生的污染和对环境的影响进行分析或者专项评价；③建设项目对环境影响很小，不需要进行环境影响评价的，应当填报环境影响登记表。

由此可见，在我国，环境影响评价文件分为环境影响报告书、报告表、登记表三种情形。根据不同情形，环境公众参与实行分类管理制度，即根据项目对环境的影响程度不同，相应地对公众参与的广度和深度要求也有所不同。对可能造成重大环境影响的，即应当编制环境影响报告书的建设项目和应当编制环境影响报告表且处于环境敏感区的建设项目，应当主动以组织召开论证会、听证会的形式进行公众调查，并征求有关专家的意见；对可能造成非重大环境影响的（即环境影响登记表），则仅要求接受公众对建设项目有关情况的问询。

有关建设项目环境影响评价的具体规定详见本章第三节。

二、规划环境影响评价

规划，包括专项规划与综合性规划两类。依据《规划环境影响评价条例》第2条规定，国务院有关部门、设区的市级以上地方人民政府及其有关部门，对其组织编制的土地利用的有关规划和区域、流域、海域的建设、开发利用规划（以下称综合性规划），以及工业、农业、畜牧业、林业、能源、水利、交通、城市建设、旅游、自然资源开发的有关专项规划（以下简称专项规划），应当进行环境影响评价。

但实际上根据《环境影响评价公众参与暂行办法》第33条和《规划环境影响评价条例》第13条的规定，目前只有对公众参与专项规划的权利予以了明确规定，对于公众参与综合性规划的权利没有相关依据可供操作。此外，专项规划中的指导性规划（指以发展战略为主要内容的专项规划）是参照综合性规划环评进行的，即只需编写环境影响篇章或者说明进行报批，征求公众意见并非其必备程序。

由于建设项目环评占据主要位置，后面重点展开，此处简要介绍公众参与专项规划环评的有关程序与保障。

1. 专项规划环评启动①

工业、农业、畜牧业、林业、能源、水利、交通、城市建设、旅游、自然资源开发的有关专项规划（以下简称"专项规划"）的编制机关，对可能造成不良环境影响并直接涉及公众环境权益的规划，应当在该规划草案报送审批前，举行论证会、听证会，或者采取其他形式，征求有关单位、专家和公众对环境影响报告书草案的意见。

专项规划的编制机关应当认真考虑有关单位、专家和公众对环境影响报告书草案的意见，并应当在报送审查的环境影响报告书中附具对意见采纳或者不采纳的说明。

---

① 《环境影响评价公众参与暂行办法》第33～35条。

2．专项规划环境影响报告书编制[①]

专项规划的环境影响报告书应当包括下列内容：
（1）实施该规划对环境可能造成影响的分析、预测和评估；
（2）预防或者减轻不良环境影响的对策和措施；
（3）环境影响评价的结论。

3．专项规划环境影响报告书报批

专项规划的编制机关在报批规划草案时，应当将环境影响报告书一并附送审批机关审查；未附送环境影响报告书的，审批机关不予审批。

设区的市级以上人民政府在审批专项规划草案，作出决策前，应当先由人民政府指定的环境保护行政主管部门或者其他部门召集有关部门代表和专家组成审查小组，对环境影响报告书进行审查。审查小组应当提出书面审查意见。参加前款规定的审查小组的专家，应当从按照国务院环境保护行政主管部门的规定设立的专家库内的相关专业的专家名单中，以随机抽取的方式确定。

环境保护行政主管部门根据《环境影响评价法》第 11 条和《国务院关于落实科学发展观　加强环境保护的决定》的规定，在召集有关部门专家和代表对开发建设规划的环境影响报告书中有关公众参与的内容进行审查时，应当重点审查以下内容：

（1）专项规划的编制机关在该规划草案报送审批前，是否依法举行了论证会、听证会，或者采取其他形式，征求了有关单位、专家和公众对环境影响报告书草案的意见；

（2）专项规划的编制机关是否认真考虑了有关单位、专家和公众对环境影响报告书草案的意见，并在报送审查的环境影响报告书中附具了对意见采纳或者不采纳的说明。

设区的市级以上人民政府或者省级以上人民政府有关部门在审批专项规划草案时，应当将环境影响报告书结论以及审查意见作为决策的重要依据。

在审批中未采纳环境影响报告书结论以及审查意见的，应当作出说明，并存

---

① 《环境影响评价法》第 10～15 条。

档备查。

4. 专项规划实施跟踪

对环境有重大影响的规划实施后，编制机关应当及时组织环境影响的跟踪评价，并将评价结果报告审批机关；发现有明显不良环境影响的，应当及时提出改进措施。

第三节　公众参与环境影响评价的方式和程序

我国公众参与环境影响评价的具体环节主要有两方面：一是在环境影响报告书的编制过程中，二是环保部门审批或重新审核环境影响报告书的过程中。根据环境影响评价的实施流程，公众参与环境影响评价的基本程序是：

第一，公告项目基本信息。即第二章中已涉及的第一次信息公开。

第二，制作环境影响报告书，征求公众意见。建设单位或者其委托的环境影响评价机构在编制环境影响报告书的过程中，应当在报送环境保护行政主管部门审批或者重新审核前，向公众公告（即第二章中已涉及的第二次信息公开）。建设单位或者其委托的环境影响评价机构征求公众意见的期限不得少于 10 日，并确保其公开的有关信息在整个征求公众意见的期限之内均处于公开状态。

第三，反馈公众意见处理情况。环境影响报告书报送环境保护主管部门审批或者重新审核前，建设单位或者其委托的环境影响评价机构可以通过适当方式，向提出意见的公众反馈意见处理情况。建设单位报批的环境影响报告书应当附具对有关单位、专家和公众的意见采纳或者不采纳的说明。

第四，审批信息公开。环境保护主管部门应当在受理建设项目环境影响报告书后，在其政府网站或者采用其他便利公众知悉的方式，公告环境影响报告书受理的有关信息（即第二章中已涉及的第三次信息公开）。环境保护主管部门公告的期限不得少于 10 日，并确保其公开的有关信息在整个审批期限之内均处于公开状态。

第五，审批过程中征求公众意见。环境保护主管部门在审批过程中对公众意见较大的建设项目，应当再次公开征求公众意见，可以组织专家咨询委员会，由其对环境影响报告书中有关公众意见采纳情况的说明进行审议，判断其合理性并提出处理建议。在作出审批决定时，应当认真考虑专家咨询委员会的处理建议。在作出审批或者重新审核决定后，应当在政府网站公告审批或者审核结果（即第二章中已涉及的第四次信息公开）。

在以上的信息公开后，公众可以通过信函、传真、电子邮件或者按照公告要求的其他方式，向建设单位或其委托环评机构、负责审批或重新审核环境影响报告书的环境保护主管部门，反馈对建设项目所在地环境现状的看法、对建设项目的预期、对减缓不利环境影响的环保措施的建议和意见，及其他感兴趣的个别问题。公众也可主动依法申请环境信息。

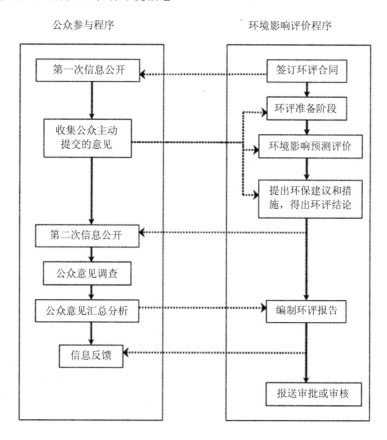

图 4-2 建设项目环境影响评价报告书编制过程中的公众参与

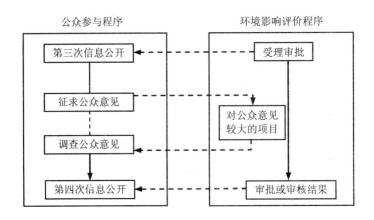

图 4-3　建设项目环境影响评价报告书审批过程中的公众参与

具体来讲，公众、环评组织者、政府三方对于保障公众参与环境影响评价程序中承担的角色是不一样的，对此法律法规对各自的权利义务作了分别规定：

一、环境影响评价中公众的权利义务

1．公众提交意见

公众可以在有关信息公开后，以信函、传真、电子邮件或者按照有关公告要求的其他方式，向建设单位或者其委托的环境影响评价机构、负责审批或者重新审核环境影响报告书的环境保护行政主管部门，提交书面意见。

2．意见未采纳说明

公众认为建设单位或者其委托的环境影响评价机构对公众意见未采纳且未附具说明的，或者对公众意见未采纳的理由说明不成立的，可以向负责审批或者重新审核的环境保护行政主管部门反映，并附具明确具体的书面意见。负责审批或者重新审核的环境保护行政主管部门认为必要时，可以对公众意见进行核实。

3．参加企业听证会

希望参加听证会的公民、法人或者其他组织，应当按照听证会公告的要求和方式提出申请，并同时提出自己所持意见的要点。听证会组织者在申请人中遴选参会代表，并在举行听证会的 5 日前通知已选定的参会代表。听证会组织者选定的参加听证会的代表人数一般不得少于 15 人。

4．听证会参加人

听证会组织者举行听证会，设听证主持人 1 名、记录员 1 名。被选定参加听证会的组织的代表参加听证会时，应当出具该组织的证明，个人代表应当出具身份证明。被选定参加听证会的代表因故不能如期参加听证会的，可以向听证会组织者提交经本人签名的书面意见。参加听证会的人员应当如实反映对建设项目环境影响的意见，遵守听证会纪律，并保守有关技术秘密和业务秘密。

5．听证会的举行

听证会必须公开举行。个人或者组织可以凭有效证件向听证会组织者申请旁听公开举行的听证会。

准予旁听听证会的人数及人选由听证会组织者根据报名人数和报名顺序确定。准予旁听听证会的人数一般不得少于 15 人。旁听人应当遵守听证会纪律。旁听者不享有听证会发言权，但可以在听证会结束后，向听证会主持人或者有关单位提交书面意见。新闻单位采访听证会，应当事先向听证会组织者申请。

6．听证会程序

听证会按下列程序进行：

（1）听证会主持人宣布听证事项和听证会纪律，介绍听证会参加人；

（2）建设单位的代表对建设项目概况作介绍和说明；

（3）环境影响评价机构的代表对建设项目环境影响报告书作说明；

（4）听证会公众代表对建设项目环境影响报告书提出问题和意见；

（5）建设单位或者其委托的环境影响评价机构的代表对公众代表提出的问题和意见进行解释和说明；

（6）听证会公众代表和建设单位或者其委托的环境影响评价机构的代表进行辩论；

（7）听证会公众代表做最后陈述；

（8）主持人宣布听证结束。

二、环境影响评价中环评组织者的权利义务

建设项目环评启动

建设单位或者其委托的环境影响评价机构在编制环境影响报告书的过程中，环境保护行政主管部门在审批或者重新审核环境影响报告书的过程中，应当依照本办法的规定，公开有关环境影响评价的信息，征求公众意见。但国家规定需要保密的情形除外。建设单位可以委托承担环境影响评价工作的环境影响评价机构进行征求公众意见的活动。[①]

1. 公众参与的方式

建设单位或者其委托的环境影响评价机构应当在发布信息公告、公开环境影响报告书的简本后，采取调查公众意见、咨询专家意见、座谈会、论证会、听证会等形式，公开征求公众意见。

建设单位或者其委托的环境影响评价机构征求公众意见的期限不得少于 10 日，并确保其公开的有关信息在整个征求公众意见的期限之内均处于公开状态。

环境影响报告书报送环境保护行政主管部门审批或者重新审核前，建设单位或者其委托的环境影响评价机构可以通过适当方式，向提出意见的公众反馈意见处理情况。

2. 选择公众

建设单位或者其委托的环境影响评价机构、环境保护行政主管部门，应当综合考虑地域、职业、专业知识背景、表达能力、受影响程度等因素，合理选择被征求意见的公民、法人或者其他组织。被征求意见的公众必须包括受建设项目影响的公民、法人或者其他组织的代表。

[①] 《环境影响评价公众参与暂行办法》第5～32条。

3. 调查问卷

建设单位或者其委托的环境影响评价机构调查公众意见可以采取问卷调查等方式，并应当在环境影响报告书的编制过程中完成。

采取问卷调查方式征求公众意见的，调查内容的设计应当简单、通俗、明确、易懂，避免设计可能对公众产生明显诱导的问题。

问卷的发放范围应当与建设项目的影响范围相一致。

问卷的发放数量应当根据建设项目的具体情况，综合考虑环境影响的范围和程度、社会关注程度、组织公众参与所需要的人力和物力资源以及其他相关因素确定。

4. 咨询专家

建设单位或者其委托的环境影响评价机构咨询专家意见可以采用书面或者其他形式。

咨询专家意见包括向有关专家进行个人咨询或者向有关单位的专家进行集体咨询。

接受咨询的专家个人和单位应当对咨询事项提出明确意见，并以书面形式回复。对书面回复意见，个人应当签署姓名，单位应当加盖公章。

集体咨询专家时，有不同意见的，接受咨询的单位应当在咨询回复中载明。

5. 座谈会（论证会）

建设单位或者其委托的环境影响评价机构决定以座谈会或者论证会的方式征求公众意见的，应当根据环境影响的范围和程度、环境因素和评价因子等相关情况，合理确定座谈会或者论证会的主要议题。

建设单位或者其委托的环境影响评价机构应当在座谈会或者论证会召开7日前，将座谈会或者论证会的时间、地点、主要议题等事项，书面通知有关单位和个人。

建设单位或者其委托的环境影响评价机构应当在座谈会或者论证会结束后5日内，根据现场会议记录整理制作座谈会议纪要或者论证结论，并存档备查。会议纪要或者论证结论应当如实记载不同意见。

6. 企业听证会

建设单位或者其委托的环境影响评价机构（以下简称"听证会组织者"）决定举行听证会征求公众意见的，应当在举行听证会的 10 日前，在该建设项目可能影响范围内的公共媒体或者采用其他公众可知悉的方式，公告听证会的时间、地点、听证事项和报名办法。听证会组织者在申请人中遴选参会代表，并在举行听证会的 5 日前通知已选定的参会代表。

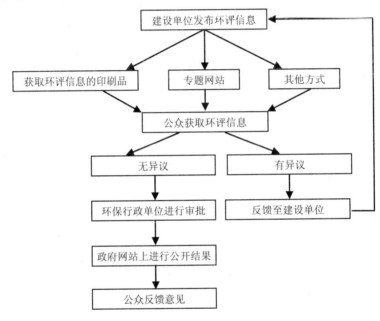

图 4-4 环境影响评价公众参与流程

三、环境影响评价中政府的权利义务

1. 建设项目环评审批的受理

环境保护行政主管部门应当在受理建设项目环境影响报告书后，在其政府网站或者采用其他便利公众知悉的方式，公告环境影响报告书受理的有关信息。

环境保护行政主管部门公告的期限不得少于 10 日，并确保其公开的有关信息在整个审批期限之内均处于公开状态。

2. 建设项目环评审批阶段的公众参与方式

环境保护行政主管部门公开征求意见后，对公众意见较大的建设项目，可以采取调查公众意见、咨询专家意见、座谈会、论证会、听证会等形式再次公开征求公众意见。

环境保护行政主管部门在作出审批或者重新审核决定后，应当在政府网站公告审批或者审核结果。

3. 建设项目环评审批阶段的听证会

审批或者重新审核环境影响报告书的环境保护行政主管部门决定举行听证会的，适用《环境保护行政许可听证暂行办法》的规定。《环境保护行政许可听证暂行办法》未作规定的，适用《环境影响评价公众参与暂行办法》有关听证会的规定。

第四节　公众参与环境影响评价的权利保障

公众参与环境影响评价的权利是所涉公民的一项法定权利，建设单位对此并没有选择的权利，其必须在环境影响报告书中附具对公众意见采纳情况的说明。《环境影响评价法》第 21 条规定，除国家规定需要保密的情形外，对环境可能造成重大影响、应当编制环境影响报告书的建设项目，建设单位应当在报批建设项目环境影响报告书前，举行论证会、听证会，或者采取其他形式，征求有关单位、专家和公众的意见。建设单位报批的环境影响报告书应当附具对有关单位、专家和公众的意见采纳或者不采纳的说明。

对于按照国家规定应当征求公众意见的建设项目，如环境影响报告书中没有包含公众参与篇章的，环境保护行政主管部门不得受理，该项目也不得开工。《环境影响评价公众参与办法》就明确规定，按照国家规定应当征求公众意见的建设项目，建设单位或者其委托的环境影响评价机构应当按照环境影响评价技术导则的有关规定，在建设项目环境影响报告书中，编制公众参与篇章。按照国家规定应当征求公众意见的建设项目，其环境影响报告书中没有公众参与篇章的，环境保护行政主管部门不得受理。《浙江省建设项目环境保护管理办法》第 20 条第 3 款明确，建设项目无环境影响评价批准文件的，建设单位不得擅自开工建设或者投入生产、使用。第 21 条规定，建设项目的环境影响评价报告书（表）的编制"有编制不实、质量低劣、不符合环境影响评价技术规范要求的"、"未按照本办法规定实施公示和公众调查的"、"未按照本办法规定如实附具公示和公众调查情况，并对公众意见采纳或者不采纳的情况作出说明的"等情形的，环境保护行政主管部门应当要求建设单位重新编制或者修改。

法律法规对于在环境影响评价中违反上述公众参与要求的建设项目，作出了严厉的惩罚性规定，相关单位和责任人要承担行政或刑事责任。

1. 建设单位未依法报批建设项目环境影响评价文件，或者未按规定重新报批或者报请重新审核环境影响评价文件，擅自开工建设的，由有权审批该项目环境影响评价文件的环境保护行政主管部门责令停止建设，限期补办手续；逾期不补办手续的，可以处五万元以上二十万元以下的罚款，对建设单位直接负责的主管人员和其他直接责任人员，依法给予行政处分。

2. 建设项目依法应当进行环境影响评价而未评价，或者环境影响评价文件未经依法批准，审批部门擅自批准该项目建设的，对直接负责的主管人员和其他直接责任人员，由上级机关或者监察机关依法给予行政处分；构成犯罪的，依法追究刑事责任。

3. 接受委托为建设项目环境影响评价提供技术服务的机构在环境影响评价工作中不负责任或者弄虚作假，致使环境影响评价文件失实的，由授予环境影响评价资质的环境保护行政主管部门降低其资质等级或者吊销其资质证书，并处所收费用一倍以上三倍以下的罚款；构成犯罪的，依法追究刑事责任。

4. 环境保护行政主管部门或者其他部门的工作人员徇私舞弊，滥用职权，玩忽职守，违法批准建设项目环境影响评价文件的，依法给予行政处分；构成犯罪的，依法追究刑事责任。

对于以上违法行为，国家鼓励公众通过举报、信访或司法等途径进行检举、举报或控告。

附录：环境影响评价法律法规摘录

环境影响评价法（节选）

（中华人民共和国主席令第 77 号，2002 年 10 月 28 日由全国人大第 30 次会议通过，自 2003 年 9 月 1 日起施行）

第五条　国家鼓励有关单位、专家和公众以适当方式参与环境影响评价。

第十一条　专项规划的编制机关对可能造成不良环境影响并直接涉及公众环境权益的规划，应当在该规划草案报送审批前，举行论证会、听证会，或者采取其他形式，征求有关单位、专家和公众对环境影响报告书草案的意见。但是，国家规定需要保密的情形除外。

编制机关应当认真考虑有关单位、专家和公众对环境影响报告书草案的意见，并应当在报送审查的环境影响报告书中附具对意见采纳或者不采纳的说明。

第二十一条　除国家规定需要保密的情形外，对环境可能造成重大影响、应当编制环境影响报告书的建设项目，建设单位应当在报批建设项目环境影响报告书前，举行论证会、听证会，或者采取其他形式，征求有关单位、专家和公众的意见。

建设单位报批的环境影响报告书应当附具对有关单位、专家和公众的意见采纳或者不采纳的说明。

环境影响评价公众参与暂行办法（节选）

（环发[2006]28 号，2006 年 3 月 18 日起施行）

第二章 公众参与的一般要求

第一节 公开环境信息

第七条 建设单位或者其委托的环境影响评价机构、环境保护行政主管部门应当按照本办法的规定，采用便于公众知悉的方式，向公众公开有关环境影响评价的信息。

第八条 在《建设项目环境分类管理名录》规定的环境敏感区建设的需要编制环境影响报告书的项目，建设单位应当在确定了承担环境影响评价工作的环境影响评价机构后 7 日内，向公众公告下列信息：

（一）建设项目的名称及概要；

（二）建设项目的建设单位的名称和联系方式；

（三）承担评价工作的环境影响评价机构的名称和联系方式；

（四）环境影响评价的工作程序和主要工作内容；

（五）征求公众意见的主要事项；

（六）公众提出意见的主要方式。

第九条 建设单位或者其委托的环境影响评价机构在编制环境影响报告书的过程中，应当在报送环境保护行政主管部门审批或者重新审核前，向公众公告如下内容：

（一）建设项目情况简述；

（二）建设项目对环境可能造成影响的概述；

（三）预防或者减轻不良环境影响的对策和措施的要点；

（四）环境影响报告书提出的环境影响评价结论的要点；

（五）公众查阅环境影响报告书简本的方式和期限，以及公众认为必要时向建设单位或者其委托的环境影响评价机构索取补充信息的方式和期限；

（六）征求公众意见的范围和主要事项；

（七）征求公众意见的具体形式；

（八）公众提出意见的起止时间。

第十条　建设单位或者其委托的环境影响评价机构，可以采取以下一种或者多种方式发布信息公告：

（一）在建设项目所在地的公共媒体上发布公告；

（二）公开免费发放包含有关公告信息的印刷品；

（三）其他便利公众知情的信息公告方式。

第十一条　建设单位或其委托的环境影响评价机构，可以采取以下一种或者多种方式，公开便于公众理解的环境影响评价报告书的简本：

（一）在特定场所提供环境影响报告书的简本；

（二）制作包含环境影响报告书的简本的专题网页；

（三）在公共网站或者专题网站上设置环境影响报告书的简本的链接；

（四）其他便于公众获取环境影响报告书的简本的方式。

第二节　征求公众意见

第十二条　建设单位或者其委托的环境影响评价机构应当在发布信息公告、公开环境影响报告书的简本后，采取调查公众意见、咨询专家意见、座谈会、论证会、听证会等形式，公开征求公众意见。

建设单位或者其委托的环境影响评价机构征求公众意见的期限不得少于 10 日，并确保其公开的有关信息在整个征求公众意见的期限之内均处于公开状态。

环境影响报告书报送环境保护行政主管部门审批或者重新审核前，建设单位或者其委托的环境影响评价机构可以通过适当方式，向提出意见的公众反馈意见处理情况。

第十三条　环境保护行政主管部门应当在受理建设项目环境影响报告书后，在其政府网站或者采用其他便利公众知悉的方式，公告环境影响报告书受理的有关信息。

环境保护行政主管部门公告的期限不得少于 10 日，并确保其公开的有关信息在整个审批期限之内均处于公开状态。环境保护行政主管部门根据本条第一款规定的方式公开征求意见后，对公众意见较大的建设项目，可以采取调查公众意见、咨询专家意见、座谈会、论证会、听证会等形式再次公开征求公众意见。

环境保护行政主管部门在作出审批或者重新审核决定后，应当在政府网站公告审批或者审核结果。

第十四条　公众可以在有关信息公开后，以信函、传真、电子邮件或者按照有关公告要求的其他方式，向建设单位或者其委托的环境影响评价机构、负责审批或者重新审核环境影响报告书的环境保护行政主管部门，提交书面意见。

第十五条　建设单位或者其委托的环境影响评价机构、环境保护行政主管部门，应当综合考虑地域、职业、专业知识背景、表达能力、受影响程度等因素，合理选择被征求意见的公民、法人或者其他组织。

被征求意见的公众必须包括受建设项目影响的公民、法人或者其他组织的代表。

第十六条　建设单位或者其委托的环境影响评价机构、环境保护行政主管部门应当将所回收的反馈意见的原始资料存档备查。

第十七条　建设单位或者其委托的环境影响评价机构，应当认真考虑公众意见，并在环境影响报告书中附具对公众意见采纳或者不采纳的说明。

环境保护行政主管部门可以组织专家咨询委员会，由其对环境影响报告书中有关公众意见采纳情况的说明进行审议，判断其合理性并提出处理建议。

环境保护行政主管部门在作出审批决定时，应当认真考虑专家咨询委员会的处理建议。

第十八条　公众认为建设单位或者其委托的环境影响评价机构对公众意见未采纳且未附具说明的，或者对公众意见未采纳的理由说明不成立的，可以向负责审批或者重新审核的环境保护行政主管部门反映，并附具明确具体的书面意见。负责审批或者重新审核的环境保护行政主管部门认为必要时，可以对公众意见进行核实。

第三章　公众参与的组织形式

第一节　调查公众意见和咨询专家意见

第十九条　建设单位或者其委托的环境影响评价机构调查公众意见可以采取

问卷调查等方式，并应当在环境影响报告书的编制过程中完成。

采取问卷调查方式征求公众意见的，调查内容的设计应当简单、通俗、明确、易懂，避免设计可能对公众产生明显诱导的问题。

问卷的发放范围应当与建设项目的影响范围相一致。

问卷的发放数量应当根据建设项目的具体情况，综合考虑环境影响的范围和程度、社会关注程度、组织公众参与所需要的人力和物力资源以及其他相关因素确定。

第二十条 建设单位或者其委托的环境影响评价机构咨询专家意见可以采用书面或者其他形式。

咨询专家意见包括向有关专家进行个人咨询或者向有关单位的专家进行集体咨询。

接受咨询的专家个人和单位应当对咨询事项提出明确意见，并以书面形式回复。对书面回复意见，个人应当签署姓名，单位应当加盖公章。

集体咨询专家时，有不同意见的，接受咨询的单位应当在咨询回复中载明。

第二节 座谈会和论证会

第二十一条 建设单位或者其委托的环境影响评价机构决定以座谈会或者论证会的方式征求公众意见的，应当根据环境影响的范围和程度、环境因素和评价因子等相关情况，合理确定座谈会或者论证会的主要议题。

第二十二条 建设单位或者其委托的环境影响评价机构应当在座谈会或者论证会召开 7 日前，将座谈会或者论证会的时间、地点、主要议题等事项，书面通知有关单位和个人。

第二十三条 建设单位或者其委托的环境影响评价机构应当在座谈会或者论证会结束后 5 日内，根据现场会议记录整理制作座谈会议纪要或者论证结论，并存档备查。会议纪要或者论证结论应当如实记载不同意见。

第三节 听证会

第二十四条 建设单位或者其委托的环境影响评价机构（以下简称"听证会组织者"）决定举行听证会征求公众意见的，应当在举行听证会的 10 日前，在该建设项目可能影响范围内的公共媒体或者采用其他公众可知悉的方式，公告听证会的时间、地点、听证事项和报名办法。

第二十五条　希望参加听证会的公民、法人或者其他组织，应当按照听证会公告的要求和方式提出申请，并同时提出自己所持意见的要点。

听证会组织者应当按本办法第十五条的规定，在申请人中遴选参会代表，并在举行听证会的 5 日前通知已选定的参会代表。

听证会组织者选定的参加听证会的代表人数一般不得少于 15 人。

第二十六条　听证会组织者举行听证会，设听证主持人 1 名、记录员 1 名。

被选定参加听证会的组织的代表参加听证会时，应当出具该组织的证明，个人代表应当出具身份证明。

被选定参加听证会的代表因故不能如期参加听证会的，可以向听证会组织者提交经本人签名的书面意见。

第二十七条　参加听证会的人员应当如实反映对建设项目环境影响的意见，遵守听证会纪律，并保守有关技术秘密和业务秘密。

第二十八条　听证会必须公开举行。

个人或者组织可以凭有效证件按第二十四条所指公告的规定，向听证会组织者申请旁听公开举行的听证会。准予旁听听证会的人数及人选由听证会组织者根据报名人数和报名顺序确定。准予旁听听证会的人数一般不得少于 15 人。旁听人应当遵守听证会纪律。旁听者不享有听证会发言权，但可以在听证会结束后，向听证会主持人或者有关单位提交书面意见。

第二十九条　新闻单位采访听证会，应当事先向听证会组织者申请。

第三十条　听证会按下列程序进行：

（一）听证会主持人宣布听证事项和听证会纪律，介绍听证会参加人；

（二）建设单位的代表对建设项目概况作介绍和说明；

（三）环境影响评价机构的代表对建设项目环境影响报告书做说明；

（四）听证会公众代表对建设项目环境影响报告书提出问题和意见；

（五）建设单位或者其委托的环境影响评价机构的代表对公众代表提出的问题和意见进行解释和说明；

（六）听证会公众代表和建设单位或者其委托的环境影响评价机构的代表进行

辩论;

（七）听证会公众代表做最后陈述;

（八）主持人宣布听证结束。

第三十一条　听证会组织者对听证会应当制作笔录。

听证笔录应当载明下列事项:

（一）听证会主要议题;

（二）听证主持人和记录人员的姓名、职务;

（三）听证参加人的基本情况;

（四）听证时间、地点;

（五）建设单位或者其委托的环境影响评价机构的代表对环境影响报告书所作的概要说明;

（六）听证会公众代表对建设项目环境影响报告书提出的问题和意见;

（七）建设单位或者其委托的环境影响评价机构代表对听证会公众代表就环境影响报告书提出问题和意见所作的解释和说明;

（八）听证主持人对听证活动中有关事项的处理情况;

（九）听证主持人认为应笔录的其他事项。

听证结束后,听证笔录应当交参加听证会的代表审核并签字。无正当理由拒绝签字的,应当记入听证笔录。

第三十二条　审批或者重新审核环境影响报告书的环境保护行政主管部门决定举行听证会的,适用《环境保护行政许可听证暂行办法》的规定。《环境保护行政许可听证暂行办法》未作规定的,适用本办法有关听证会的规定。

浙江省建设项目环境保护管理办法（节选）

（省政府令第 288 号,由省政府第 81 次常务会议审议通过,自 2011 年 12 月 1 日起施行）

第十二条　应当编制环境影响报告书的建设项目和应当编制环境影响报告表且处于环境敏感区的建设项目,建设单位或者其委托的环境影响评价机构在进行环境影响评价过程中，应当在建设项目环境影响评价区域范围内如实公示建设项目有关信息，并开展公众调查，但依法需要保密的除外。

第十三条　按照本办法第十二条规定公示建设项目有关信息的，依照下列规定执行：

（一）自确定环境影响评价机构之日起 7 日内，公示建设项目、建设单位和环境影响评价机构的基本情况，以及环境影响评价工作程序和审批程序等内容；

（二）自报批环境影响报告书（表）10 日前，公示建设项目基本情况、对环境可能造成影响以及环境保护的对策和措施、环境影响报告书（表）提出的环境影响评价结论、公众查阅环境影响报告书（表）简本的方式和期限等内容。

前款规定的公示期限不得少于 10 日。公众对建设项目有环境保护意见的，可以在公示确定的期限内向建设单位提出，也可以将意见送交负责审批的环境保护行政主管部门。

第十四条　按照本办法第十二条规定开展公众调查的，可以采用调查问卷或者召开座谈会、论证会、听证会等方式。

采用调查问卷方式的，建设项目环境影响评价区域范围内的团体调查对象不得少于 20 家，个人调查对象不得少于 50 人；团体调查对象少于 20 家、个人调查对象少于 50 人的，应当全部列为调查对象。

采用召开座谈会、论证会、听证会等方式的，应当通过媒体或者其他方式发布会议告示，并邀请社会团体、研究机构、有关环境敏感区的管理机构、学校、村（居）民委员会等有关单位、个人参加。

第十五条　建设单位或者其委托的环境影响评价机构应当接受公众对建设项目有关情况的问询，听取意见，做好说明和解释工作。

建设单位报批的环境影响报告书（表）应当如实附具公示和公众调查情况，并对公众意见采纳或者不采纳的情况作出说明。

第十六条　在城市居民区内可能产生油烟、噪声、异味等直接影响公众生活环境的餐饮、娱乐、加工等建设项目，按照规定应当填报环境影响登记表的，建设单位应当在报批环境影响登记表前，征求受建设项目直接环境影响的利害关系人的意见。

第十七条　可能产生显著不良环境影响、公众反映强烈的建设项目，其环境影响评价报告书（表）应当包括防治污染和生态破坏的可行解决方案。

可能发生环境污染事故的建设项目，建设单位应当制订环境污染事故应急预案，并将其作为环境影响评价报告书（表）的附件。

按照国家和省规定需要完成主要污染物总量控制和削减任务的建设项目，其环境影响评价报告书（表）应当包括建设项目建成投产后的主要污染物总量控制方案。

第二十条 环境保护行政主管部门应当自受理建设项目的环境影响评价文件及相关材料之日起，根据环境保护法律、法规、规章的规定对环境影响评价文件进行审查，在规定的审批期限内作出审批决定并书面通知建设单位。

建设项目的环境影响评价文件未经审查或者审查后未予批准的，发展和改革委、经济和信息化等部门不得批准或者核准该建设项目。

建设项目无环境影响评价批准文件的，建设单位不得擅自开工建设或者投入生产、使用。

第二十一条 建设项目的环境影响评价报告书（表）的编制有下列情形之一的，环境保护行政主管部门应当要求建设单位重新编制或者修改：

（一）环境影响评价机构不具备相应的资质的；

（二）编制不实、质量低劣、不符合环境影响评价技术规范要求的；

（三）未按照本办法规定实施公示和公众调查的；

（四）未按照本办法第十五条第二款规定如实附具公示和公众调查情况，并对公众意见采纳或者不采纳的情况作出说明的；

（五）未按照本办法第十七条规定，制定相关方案、预案的。

第五章　公众参与环境监督

第一节　公众参与环境监督概述

公众参与环境监督，是指在环境行政监督执法中吸收和支持公众参与举报污染和破坏环境行为，监督环境执法机关的执法过程，提出环境监督执法建议和意见的活动。公众参与环境监督包括对政府执法的监督和对排污单位的监督。所谓公众参与对执法机关的监督，是指公众通过各种途径和形式对环境行政执法机关及其执法工作人员的环境执法行为的合法性和合理性进行监督和督促的活动；所谓公众参与对排污单位的监督，是指公众对环境行政执法机关针对违法行为的执法提供正面的支持和帮助，如公众对环境违法行为的举报揭发等。这一区分体现在《环境保护公众参与办法》中，其第 12 条规定体现了前者；其第 11 条规定体现了后者。这两种监督形式相辅相成，缺一不可。

环境执法公众参与有助于环境执法机关依法、合理地行使行政权力，提升环境执法机关的工作水平和执法能力，提高行政执法效率，减少行政执法成本；也有利于提高公众参与的积极性，形成良好的环境执法氛围。全国各地在环境执法公众参与方面都进行了有益的探索和实践，如嘉兴市环保局吸收市民设立环保检查团协助环境执法人员开展执法检查，监督和纠正各种环境违法行为；组建环保公众陪审团参与环境执法案件审议，评议意见作为环保部门作出具体环境行为的重要参考依据。

公众参与环境监督的法律依据主要有：《环境保护法》、《水污染防治法》、《大气污染防治法》、《固体废物污染环境防治法》、《环境保护公众参与办法》、《环境信访办法》、《环境保护行政许可听证暂行办法》、《环境信息公开暂行办法（试行）》

等。

早在 1979 年的《环境保护法（试行）》就已经对环保公众参与进行了原则性规定，其第 8 条规定："公民对污染和破坏环境的单位和个人，有权监督、检举和控告"；1989 年的《环境保护法》第 6 条在此基础上进一步规定："一切单位和个人都有保护环境的义务，并有权对污染和破坏环境的单位和个人进行检举和控告"。这一规定为公众参与环保提供了原则性的法律依据。1996 年《国务院关于环境保护若干问题的决定》第 10 条规定："建立公众参与机制，发挥社会团体的作用，鼓励公众参与环境保护工作，检举和揭发各种违反环境保护法律法规的行为。"

《宪法》第 41 条规定："中华人民共和国公民对于任何国家机关和国家工作人员，有提出批评和建议的权利；对于任何国家机关和国家工作人员的违法失职行为，有向有关国家机关提出申诉、控告或者检举的权利，但是不得捏造或者歪曲事实进行诬告陷害。"《环境保护法》第 6 条规定"一切单位和个人都有权对污染和破坏环境的单位和个人进行检举和控告"，《水污染防治法》、《固体废物污染环境防治法》、《放射性污染防治法》、《大气污染防治法》、《海洋环境保护法》、《环境噪声污染防治法》、《土地管理法》、《野生动物保护法》、《草原法》、《水土保持法》以及国务院《医疗废物管理条例》、《风景名胜区条例》、《退耕还林条例》等环境法律、法规也都规定了各自领域的公众检举、揭发、控告环境违法行为的权利。上述规定为我国公众监督环境行政机关及其行政人员是否依法行政、单位和个人是否有损害环境的行为提供了切实保障。

2004 年 6 月 23 日颁布的《环境保护行政许可听证暂行办法》第 5 条：实施环境保护行政许可，有下列情形之一的，适用本办法：（一）按照法律、法规、规章的规定，实施环境保护行政许可应当组织听证的；（二）实施涉及公共利益的重大环境保护行政许可，环境保护行政主管部门认为需要听证的；（三）环境保护行政许可直接涉及申请人与他人之间重大利益关系，申请人、利害关系人依法要求听证的。2010 年 12 月 27 日颁布的《环境行政处罚听证程序规定》则规定了环境行政处罚中的公众听证程序。

2006 年 6 月 24 日起施行的《环境信访办法》对公民反映环境保护情况，提出建议、意见或者投诉请求作出了规范。

2014 年 4 月 24 日修订通过的新《环境保护法》第 53 条规定：公民、法人和其他组织依法享有获取环境信息、参与和监督环境保护的权利。各级人民政府环境保护主管部门和其他负有环境保护监督管理职责的部门，应当依法公开环境信息、完善公众参与程序，为公民、法人和其他组织参与和监督环境保护提供便利。同时该法第 57 条规定："公民、法人和其他组织发现任何单位和个人有污染环境和破坏生态行为的，有权向环境保护主管部门或者其他负有环境保护监督管理职责的部门举报。公民、法人和其他组织发现地方各级人民政府、县级以上人民政府环境保护主管部门和其他负有环境保护监督管理职责的部门不依法履行职责的，有权向其上级机关或者监察机关举报。接受举报的机关应当对举报人的相关信息予以保密，保护举报人的合法权益。"

2014 年 11 月 12 日，国务院办公厅印发《关于加强环境监管执法的通知》，部署全面加强环境监管执法，严惩环境违法行为，加快解决影响科学发展和损害群众健康的突出环境问题，着力推进环境质量改善。其中再次强调要发挥社会监督作用。充分发挥"12369"环保举报热线和网络平台作用，畅通公众表达渠道，限期办理群众举报投诉的环境问题。邀请公民、法人和其他组织参与监督环境执法，实现执法全过程公开。

2015 年 7 月 13 日环保部颁布的《环境保护公众参与办法》明确了实施行政许可或者行政处罚、监督违法行为等环节同样适用公众参与原则，及其相关制度保障。

第二节　公众参与环境监督的方式和程序

公众参与环境监督的方式有不同分类方法。按照监督主体分，可分为内部监督、舆论监督与社会监督等。[1]

根据现行环境法律法规和规范性文件的规定，公众参与环境监督的形式、途径，主要是环境信访、举报、投诉、听证、座谈会、论证会等。比如《环境保护公众参与办法》明确，环境保护主管部门可以通过征求意见、问卷调查，组织召开座谈会、专家论证会、听证会等方式征求公民、法人和其他组织对环境保护相

---

[1] 《环境保护公众参与办法》第 10 条。

公众参与环境保护：实践探索和路径选择

关事项或者活动的意见和建议。公民、法人和其他组织可以通过电话、信函、传真、网络等方式向环境保护主管部门提出意见和建议。

一、环境信访

环境信访是指公民、法人或者其他组织采用书信、电子邮件、传真、电话、走访等形式，向各级环境保护行政主管部门反映环境保护情况，提出建议、意见或者投诉请求，依法由环境保护行政主管部门处理的活动。环境信访是环境监督的重要一环，但对依法应当通过诉讼、仲裁、行政复议等法定途径解决的投诉请求，信访人应当依照有关法律、行政法规规定的程序向有关机关提出。

（一）环境信访的途径

各级环境保护行政主管部门应当向社会公布环境信访工作机构的通信地址、邮政编码、电子信箱、投诉电话，信访接待时间、地点、查询方式等。

各级环境保护行政主管部门应当在其信访接待场所或本机关网站公布与环境信访工作有关的法律、法规、规章，环境信访事项的处理程序，以及其他为信访人提供便利的相关事项。

（二）环境信访的提出

信访人的环境信访事项，应当依法向有权处理该事项的本级或者上一级环境保护行政主管部门提出。信访人可以提出以下环境信访事项：（1）检举、揭发违反环境保护法律、法规和侵害公民、法人或者其他组织合法环境权益的行为；（2）对环境保护工作提出意见、建议和要求；（3）对环境保护行政主管部门及其所属单位工作人员提出批评、建议和要求。

信访人一般应当采用书信、电子邮件、传真等书面形式提出环境信访事项；采用口头形式提出的，环境信访机构工作人员应当记录信访人的基本情况、请求、主要事实、理由、时间和联系方式。

（三）环境信访登记处理

各级环境信访工作机构收到信访事项，应当予以登记，并区分情况，分别按下列方式处理：

（1）信访人提出属于本办法第 16 条规定的环境信访事项的，应予以受理，并及时转送、交办本部门有关内设机构、单位或下一级环境保护行政主管部门处理，要求其在指定办理期限内反馈结果，提交办结报告，并回复信访人。对情况重大、紧急的，应当及时提出建议，报请本级环境保护行政主管部门负责人决定。

（2）对不属于环境保护行政主管部门处理的信访事项不予受理，但应当告知信访人依法向有关机关提出。

（3）对依法应当通过诉讼、仲裁、行政复议等法定途径解决的，应当告知信访人依照有关法律、行政法规规定程序向有关机关和单位提出。

（4）对信访人提出的环境信访事项已经受理并正在办理中的，信访人在规定的办理期限内再次提出同一环境信访事项的，不予受理。

对信访人提出的环境信访事项，环境信访机构能够当场决定受理的，应当场答复；不能当场答复是否受理的，应当自收到环境信访事项之日起 15 日内书面告知信访人。但是信访人的姓名（名称）、住址或联系方式不清而联系不上的除外。

各级环境保护行政主管部门工作人员收到的环境信访事项，交由环境信访工作机构按规定处理。

（四）环境信访办理

各级环境保护行政主管部门或单位对办理的环境信访事项应当进行登记，并根据职责权限和信访事项的性质，按照下列程序办理：

1. 经调查核实，依据有关规定，分别做出以下决定

（1）属于环境信访受理范围、事实清楚、法律依据充分，做出予以支持的决定，并答复信访人；

（2）信访人的请求合理但缺乏法律依据的，应当对信访人说服教育，同时向有关部门提出完善制度的建议；

（3）信访人的请求不属于环境信访受理范围，不符合法律、法规及其他有关规定的，不予支持，并答复信访人。

2. 对重大、复杂、疑难的环境信访事项可以举行听证

听证应当公开举行，通过质询、辩论、评议、合议等方式，查明事实，分清责任。听证范围、主持人、参加人、程序等可以按照有关规定执行。

（五）信访办理时限

环境信访事项应当自受理之日起 60 日内办结，情况复杂的，经本级环境保护行政主管部门负责人批准，可以适当延长办理期限，但延长期限不得超过 30 日，并应告知信访人延长理由；法律、行政法规另有规定的，从其规定。

对上级环境保护行政主管部门或者同级人民政府信访机构交办的环境信访事项，接办的环境保护行政主管部门必须按照交办的时限要求办结，并将办理结果报告交办部门和答复信访人；情况复杂的，经本级环境保护行政主管部门负责人批准，并向交办部门说明情况，可以适当延长办理期限，并告知信访人延期理由。

上级环境保护行政主管部门或者同级人民政府信访机构认为交办的环境信访事项处理不当的，可以要求原办理的环境保护行政主管部门重新办理。

二、环保举报

环境举报，系指公民、法人和其他组织发现任何单位和个人有污染环境和破坏生态行为的，可以通过信函、传真、电子邮件、"12369"环保举报热线、政府网站等途径，向环境保护主管部门举报。以下重点讲述环境举报热线。

（一）举报途径

《环境保护公众参与办法》第十一条明确举报途径有通过信函、传真、电子邮件、"12369"环保举报热线、政府网站、APP 移动终端等。其中最主要的途径仍然是环境举报电话，即公民、法人或者其他组织通过拨打环保举报热线电话，向各级环境保护主管部门举报环境污染或者生态破坏事项，请求环境保护主管部门依法予以处理。

按《环保举报热线工作管理办法》规定，环保举报热线应当使用"12369"特服电话号码，各地名称统一为"12369"环保举报热线。

图 5-1 "环保随手拍"APP 界面

"环保随手拍"APP

2014 年，一款零距离连接公众与环境监督的 APP 软件（见图 5-1）由环保部面向全国推出，它的问世标志着环境监督与公众参与已正式走进移动互联网时代。"环保随手拍"APP 有两大功能：一是对破坏环境的行为进行举报；二是对积极践行环保的行为进行举荐。举报和举荐都可通过手机随时随地来完成。与传统方式相比，该软件有以下几大优势：一是实现了即时传输。随时随地可以将拍摄的照片和视频通过手机即时传输到后台；二是实现了 24 小时全天候值守；三是可信度高，可核实性强。以往电话和信访举报过程中，经常出现有不少虚假举报，而"绿侠"由于本身在举报者对污染行为拍摄过程中会自然准确显示其地理信息，再加上提供的照片和视频的现场资料会使执法人员对举报的真伪进行初步分析和判断。

12369 微信举报平台试运行

　　2015 年 3 月，作为环保部首批试点城市，哈尔滨、太原、南宁等城市 12369 微信举报平台开始试运行，搜索公众号名称"12369 环保举报"或扫描二维码即可关注。这标志着"12369"环保举报开始步入微信时代。

　　●举报受理范围

　　12369 环保微信举报主要受理公众对环境污染问题的举报。受理的举报事项将由属地环境保护主管部门处理。

　　●提交的污染问题需具备以下要素：①有明确的事发地点；②有具体的举报对象；③有造成环境污染的事实。

（二）受理举报

　　环保举报热线工作人员接听举报电话，应当耐心细致，用语规范，准确据实记录举报时间、被举报单位的名称和地址、举报内容、举报人的姓名和联系方式、诉求目的等信息，并区分情况，分别按照下列方式处理：

　　（1）对属于各级环境保护主管部门职责范围的环境污染和生态破坏的举报事项，应当予以受理。

　　（2）对不属于环境保护主管部门处理的举报事项不予受理，但应当告知举报人依法向有关机关提出。

　　（3）对依法应当通过诉讼、仲裁、行政复议等法定途径解决或者已经进入上述程序的，应当告知举报人依照有关法律、法规规定向有关机关和单位提出。

　　（4）举报事项已经受理，举报人再次提出同一举报事项的，不予受理，但应当告知举报人受理情况和办理结果的查询方式。

　　（5）举报人对环境保护主管部门做出的举报件答复不服，仍以同一事实和理由提出举报的，不予受理，但应当告知举报人可以依照《信访条例》的规定提请复查或者复核。

　　（6）对涉及突发环境事件和有群体性事件倾向的举报事项，应当立即受理并及时向有关负责人报告。

（7）涉及两个或者两个以上环境保护主管部门的举报事项，由举报事项涉及的环境保护主管部门协商受理；协商不成的，由其共同的上一级环境保护主管部门协调、决定受理机关。

对举报人提出的举报事项，环保举报热线工作人员能当场决定受理的，应当当场告知举报人；不能当场告知是否受理的，应当在15日内告知举报人，但举报人联系不上的除外。

（三）处理期限

属于本级环境保护主管部门办理的举报件，承担环保举报热线工作的机构受理后，应当在3个工作日内转送本级环境保护主管部门有关内设机构。属于下级环境保护主管部门办理的举报件，承担环保举报热线工作的机构受理后，应当通过"12369"环保举报热线管理系统于3个工作日内向下级承担环保举报热线工作的机构交办。地方各级环保举报热线工作人员应当即时接收上级交办的举报件，并按规定及时进行处理。

举报件应当自受理之日起60日内办结。情况复杂的，经本级环境保护主管部门负责人批准，可以适当延长办理期限，并告知举报人延期理由，但延长期限不得超过30日。

对上级交办的举报件，下级承担环保举报热线工作的机构应当按照交办的时限要求办结，并将办理结果报告上级交办机构；情况复杂的，经本级环境保护主管部门负责人批准，并向交办机构说明情况，可以适当延长办理期限，并告知举报人延期理由。

（四）处理结果

地方各级环境保护行政主管部门应当建立负责人信访接待日制度，由部门负责人协调处理信访事项，信访人可以在公布的接待日和接待地点，当面反映环境保护情况，提出意见、建议或者投诉。

各级环境保护行政主管部门负责人或者其指定的人员，必要时可以就信访人反映的突出问题到信访人居住地与信访人面谈或进行相关调查。

案例："潮乡馨园"海宁微博沙龙水环境义务网络监督团[①]

　　近年来，海宁市部分河道水域仍然存在污染水质的现象，有些河段仍然有污水偷排的发生。为此，由@海宁微博沙龙牵头，通过"潮乡馨园"志愿服务淘宝平台，于 2013 年 4 月组织成立了"潮乡馨园"——海宁微博沙龙水环境义务网络监督团。通过博友在"潮乡馨园"淘宝店上认领河道，不定期开展海宁全市的河道水环境监督活动的方式，唤起老百姓的环保意识，并建立起一整套长效的监督管理机制。通过水环境义务网络监督，引导全体博友和全市人民投入到治水、保水、护水中去。

　　启动仪式后，水环境义务网络监督团分组到斜桥镇等周边地域进行实地监督河道水环境，大部分河段水域情况良好，但也有部分博友发现个别地方河水被工业废水污染，监督团成员在第一时间@海宁环保，希望引起相关部门的重视。

　　据报道，海宁微博沙龙水环境义务网络监督团，2014 年以来积极倡导小组成员通过微博等网络渠道进行"随手拍、随时报"，将河道巡查情况及时上报反馈给海宁五水共治办，共同推进了海宁的"五水共治"。一旦看到有人反映河道脏臭，便立即组队前往现场证实，通过现场察看，若反映属实或者存在水质较差等情况小组成员便在第一时间用手机拍照上传微博并@海宁五水共治办、@海宁环保等部门，希望其引起重视并及时采取行动。

① 许涛：《志愿者，为城市文明增光添彩》，载《海宁日报》，2014 年 12 月 5 日第 5 版。

三、政府听证会（环境行政许可、环境行政处罚）

环境行政许可听证，是指环境保护主管部门实施环境保护行政许可时，按照《环境保护行政许可听证暂行办法》应当进行听证的行为。环境处罚行政许可，是指环境保护主管部门作出行政处罚决定前，当事人申请举行听证的，按照《环境行政处罚听证程序规定》应当进行听证的行为。《环境保护公众参与办法》明确了听证程序的原则，即组织听证应当遵循公开、公平、公正和便民的原则，充分听取公民、法人和其他组织的意见，并保证其陈述意见、质证和申辩的权利 除涉及国家秘密、商业秘密或者个人隐私外，听证应当公开举行。

（一）申请政府行政许可、行政处罚听证范围

1. 申请行政许可听证会

实施环境保护行政许可听证的适用范围：①按照法律、法规、规章的规定，实施环境保护行政许可应当组织听证的；②实施涉及公共利益的重大环境保护行政许可，环境保护行政主管部门认为需要听证的；③环境保护行政许可直接涉及申请人与他人之间重大利益关系，申请人、利害关系人依法要求听证的。

2. 申请行政处罚听证会

实施环境行政处罚听证的适用范围：环境保护主管部门在作出以下行政处罚决定之前，应当告知当事人有申请听证的权利；当事人申请听证的，环境保护主管部门应当组织听证：（1）拟对法人、其他组织处以人民币 50 000 元以上或者对公民处以人民币 5 000 元以上罚款的；（2）拟对法人、其他组织处以人民币（或者等值物品价值）50 000 元以上或者对公民处以人民币（或者等值物品价值）5 000 元以上的没收违法所得或者没收非法财物的；（3）拟处以暂扣、吊销许可证或者其他具有许可性质的证件的；（4）拟责令停产、停业、关闭的。此外，环境保护主管部门认为案件重大疑难的，经商当事人同意，可以组织听证。

（二）听证程序启动

行政许可听证程序按启动方式不同，分为主动举行听证与依申请举行听证两种。

1. 主动举行听证

环境保护行政主管部门对《环境保护行政许可听证暂行办法》第五条第（一）项和第（二）项规定的环境保护行政许可事项，决定举行听证的，应在听证举行的 10 日前，通过报纸、网络或者布告等适当方式，向社会公告。公告内容应当包括被听证的许可事项和听证会的时间、地点，以及参加听证会的方法。

2. 依申请举行听证

环境保护行政主管部门对环境保护行政许可直接涉及申请人与他人之间重大利益关系，申请人、利害关系人依法要求听证的环境保护行政许可事项，在作出行政许可决定之前，应当告知行政许可申请人、利害关系人享有要求听证的权利，并送达《环境保护行政许可听证告知书》。

《环境保护行政许可听证告知书》应当载明下列事项：

（1）行政许可申请人、利害关系人的姓名或者名称；

（2）被听证的行政许可事项；

（3）对被听证的行政许可的初步审查意见、证据和理由；

（4）告知行政许可申请人、利害关系人有申请听证的权利；

（5）告知申请听证的期限和听证的组织机关。

行政处罚听证，是依申请听证的一种。即对适用听证程序的行政处罚案件，环境保护主管部门应当在作出行政处罚决定前，制作并送达《行政处罚听证告知书》，告知当事人有要求听证的权利。

（三）申请组织听证

行政许可申请人、利害关系人要求听证的，应当在收到听证告知书之日起 5 日内以书面形式提出听证申请。

《环境保护行政许可听证申请书》包括以下内容：

（1）听证申请人的姓名、地址；

（2）申请听证的具体要求；

（3）申请听证的依据、理由；

（4）其他相关材料。

行政处罚听证程序中，当事人要求听证的，应当在收到《行政处罚听证告知书》之日起 3 日内，向拟作出行政处罚决定的环境保护主管部门提出书面申请。当事人未如期提出书面申请的，环境保护主管部门不再组织听证。

（四）受理听证申请

行政许可中，组织听证的环境保护行政主管部门收到听证申请书后，应当对申请材料进行审查。申请材料不齐备的，应当一次性告知听证申请人补正。

许可听证申请有下列情形之一的，组织听证的环境保护行政主管部门不予受理，并书面说明理由：

（1）听证申请人不是该环境保护行政许可的申请人、利害关系人的；

（2）听证申请未在收到《环境保护行政许可听证告知书》后 5 个工作日内提出的；

（3）其他不符合申请听证条件的。

组织听证的环境保护行政主管部门经过审核，对符合听证条件的听证申请，应当受理，并在 20 日内组织听证。

行政处罚中，环境保护主管部门应当在收到当事人听证申请之日起 7 日内进行审查。对不符合听证条件的，决定不组织听证，并告知理由。对符合听证条件的，决定组织听证，制作并送达《行政处罚听证通知书》。听证会应当在决定听证之日起 30 日内举行。

（五）听证通知书

行政许可中，组织听证的环境保护行政主管部门应当在听证举行的 7 日前，将《环境保护行政许可听证通知书》分别送达行政许可申请人、利害关系人，并由其在送达回执上签字。

《环境保护行政许可听证通知书》应当载明下列事项：⑴行政许可申请人、利害关系人的姓名或者名称；②听证的事由与依据；③听证举行的时间、地点和方式；④听证主持人、行政许可审查人员的姓名、职务；⑤告知行政许可申请人、利害关系人预先准备证据、通知证人等事项；⑥告知行政许可申请人、利害关系人参加听证的权利和义务；⑦其他注意事项。

申请人、利害关系人人数众多或者其他必要情形时，可以通过报纸、网络或者布告等适当方式，向社会公告。

行政处罚中，环保部门制作的《行政处罚听证通知书》应当载明上述事项，并在举行听证会的 7 日前送达当事人和第三人。

（六）听证会程序

1．环境保护行政许可听证会按以下程序进行

（1）听证主持人宣布听证会场纪律，告知听证申请人、利害关系人的权利和义务，询问并核实听证参加人的身份，宣布听证开始；

（2）记录员宣布听证所涉许可事项、听证主持人和听证员的姓名、工作单位和职务；

（3）行政许可审查人员提出初步审查意见、理由和证据；

（4）行政许可申请人、利害关系人就该行政许可事项进行陈述和申辩，提出有关证据，对行政许可审查人员提出的证据进行质证；

（5）行政许可审查人员和行政许可申请人、利害关系人进行辩论；

（6）行政许可申请人、利害关系人作最后陈述；

（7）主持人宣布听证结束。

在听证过程中，主持人可以向行政许可审查人员、行政许可申请人、利害关系人和证人发问，有关人员应当如实回答。

2．环境行政处罚听证会按下列程序进行

（1）记录员查明听证参加人的身份和到场情况，宣布听证会场纪律和注意事项，介绍听证主持人、听证员和记录员的姓名、工作单位、职务；

（2）听证主持人宣布听证会开始，介绍听证案由，询问并核实听证参加人的

身份，告知听证参加人的权利和义务；询问当事人、第三人是否申请听证主持人、听证员和记录员回避；

（3）案件调查人员陈述当事人违法事实，出示证据，提出初步处罚意见和依据；

（4）当事人进行陈述、申辩，提出事实理由依据和证据；

（5）第三人进行陈述，提出事实理由依据和证据；

（6）案件调查人员、当事人、第三人进行质证、辩论；

（7）案件调查人员、当事人、第三人作最后陈述；

（8）听证主持人宣布听证会结束。

专栏　公众参与环境监督的创新：环境处罚"陪审员"

2009 年以来，嘉兴市以南湖区为试点开展将公众评审制引入处罚案件的审议过程，通过组织推荐、媒体公开招聘和集中培训，建立了环保陪审员队伍，对送审案件进行陪审员集体评审，作出环保评审员集体评审决议。同年 6 月 3 日，南湖区召开了第一次"环境行政处罚案件公众参与评审会"，并出台了《南湖区环境行政处罚案件公众参与制度实施办法（试行）》，开始在全区环境执法领域正式实施这一制度。据统计，截至 2013 月 12 月 31 日，南湖区已对 638 件环境行政处罚案件启动了公众参与程序，共有 3 127 人次参与案件处罚评议，处罚金额达 2 373 万余元。作为对南湖区经验的肯定，嘉兴市也吸纳了这一制度，于 2011 年 9 月 6 日正式颁布了《行政处罚公众评审员管理办法（试行）》，产生了第一期行政处罚公众评审员名单，宣告在全市层面上开展环境行政处罚的公众参与制度。

这一制度的具体做法包括：

1. 确定评审团成员。为消除公众对"内定"公众评审团成员的疑虑，环保局明确了组织推荐和社会公开招募两种推选程序，设定了公众评审团成员的基本条件，包括户籍、年龄、专业性等要求。注重吸纳"两代表一委员"、专业律师和大专院校环境专业师生"入团"。

2. 组织评审会议。环境行政处罚案件公众评审会原则上每月召开两次，定于每月第一周和第三周的周五下午召开。每期环境行政处罚案件评审会将从公众评审团总名单中邀请五名，组成当期公众评审团，对有利害关系的评审员实行回避制度。同时部分评审会实行"现场办案法"和"点单式评审法"，缓解当事人对执法的对立情绪，使评审决议更加客观公正。

3. 公布评审事项材料。环保局将当月立案查处的一般程序案件的所有材料，公示于公众评审会中，由公众评审团对每个案件行政处罚自由裁量权的适用予以评议。在此过程中，环保局需就各个案件的违法事实、相关证据和适用的法律法规向各评审团成员作出解读，并提出初步处罚意见，接受公众评审团对案件情况的询问。

4. 组织集体评审。环保局工作人员予以回避，由公众评审团根据《南湖区环境行政处罚自由裁量标准实施细则（试行）》，独立地对法律赋予环境行政机关的自由裁量权适用进行讨论和评议，对所评议案件处罚种类和罚款额度的合理性提出意见，并形成集体评审决议。

5. 对评审结果进行处理。如公众评审团集体决议意见与环保局的初审处罚意见相符合，则局案件审核委员会将按此意见，对所评审的案件作出最终行政处罚决定；如公众评审团集体决议意见与环保局的初审处罚意见不相符合，局案件审核委员会将以公众评审团集体决议作为行政处罚决定的重要参考，并于五个工作日内向各评审团成员反馈最终处罚结果。[1]

据统计，从 2009 年至 2011 年 8 月底，南湖区环保局评审一般程度行政处罚案件达 336 起，仅有 3 起专业性疑难复杂案件未参评，共涉及金额 1 072.69 万元。其中提出与环保局初审意见相异议的有 20 起，环保局最终采纳公众评审意见 14 起，整体采纳率达 98.2%。如 2010 年上半年，某印染公司因污水超标排放而被罚款，没过几个月，这家企业再次超标排放，环保部门初审意见是罚款 2 万元。公众评审员认为，这家企业整改不力，屡犯不改，应该加大处罚力度，要求将处罚金额提高到 3 万元。这一评审建议被环保部门采纳。[2]

---

① 沈蓓莉：《嘉兴南湖开创"阳光执法"新模式》，载《环境保护》2011 年第 4 期。
② 刘毅：《参与环保，公众有了否决权》，载《人民日报》，2010 年 11 月 25 日第 20 版。

实践表明，通过公众参与制度，为执法提供合法性基础，增强处罚决定的可接受性；相对人对这种开放性的机制更容易给予支持，大多数相对人对于经过公众评审的处罚结果更为心服口服，有评审团参与的行政处罚案件没有发生过一起行政复议或行政诉讼；也极大地提高了案件执行效率，使南湖区 2009 年至今的案件自动履行率保持在 98.5%以上，居全嘉兴市环保系统首位。[①]当然，这一做法也是对现行行政处罚制度和公众参与环境保护制度的创新与突破，体现了公众参与的深度与活力。

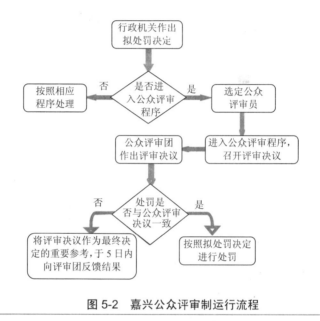

图 5-2　嘉兴公众评审制运行流程

案例　嘉兴市某运输有限责任公司未按规定设置排放口案

案情简介：2013 年 7 月 30 日，嘉兴市南湖区环保局执法人员对某运输有限责任公司进行执法检查。检查发现，该单位未按规定设置排放口，部分废水未经处理直排平湖塘，经监测分析，该单位直排口废水化学需氧量为 252 mg/L。以上监测数据已超过《污水综合排放标准》（GB 8978—1996）表 4 一级标准（化学需氧量为

---

① 张丽萍：《南湖区环保局接受群众监督，打造"阳光执法"》，载《嘉兴日报》，2013 年 5 月 7 日。

100 mg/L）。上述行为已违反了《中华人民共和国水污染防治法》第 22 条第 1 款之规定，经过公众陪审员的评判，根据《中华人民共和国水污染防治法》第 75 条第 2 款之规定对其进行处罚，处以人民币贰万元罚款。最终收到决定书后，该单位对污水排放加强了重视和监管，也采取一系列措施防止再次有污水外排情况出现，并在 2013 年 12 月 5 日（规定的履行期限内），全额上缴了罚款。

处罚依据：

1. 《中华人民共和国水污染防治法》第 22 条第 1 款：向水体排放污染物的企业事业单位和个体工商户，应当按照法律、行政法规和国务院环境保护主管部门的规定设置排污口；在江河、湖泊设置排污口的，还应当遵守国务院水行政主管部门的规定。

2. 《中华人民共和国水污染防治法》第 75 条第 2 款：违反法律、行政法规和国务院环境保护主管部门的规定设置排污口或者私设暗管的，由县级以上地方人民政府环境保护主管部门责令限期拆除，处贰万元以上十万元以下的罚款；逾期不拆除的，强制拆除，所需费用由违法者承担，处十万元以上五十万元以下的罚款；私设暗管或者有其他严重情节的，县级以上地方人民政府环境保护主管部门可以提请县级以上地方人民政府责令停产整顿。

点评：此案件是工业上一起典型的未按规定设置排放口被环保部门查处的违法案件，也是比较常见的一种违法行为。环保局下达了处罚告知书，拟处以人民币贰万元罚款。该单位收到告知书后，提交了书面申辩意见，承认违法事实的存在，但鉴于非主观意愿有意违法，经济形势正值严峻，企业效益较差，且在第一时间作出了有效整改，希望酌情处罚。经公众评审会讨论，五位公众评审员一致认为该单位虽不是故意排放污水，但违法事实清楚，经济形势问题也不应该作为减轻违法行为的正当理由，故同意原处罚，处以人民币贰万元罚款。

『附：公众评审团集体评审决议』

南湖区环境行政处罚案件公众参与评审集体决议

案件名称：	嘉兴市 ▇▇▇ 运输有限责任公司涉嫌未按规定设置排放口
审议时间：	2013 年 10 月 13 日下午 14：00
审议地点：	南湖区行政中心 3 号会议室
记录人	祥▇
公众评审团成员	
审议内容	2013 年 7 月 30 日，我局执法人员对该单位进行执法检查，检查发现，该单位未按规定设置排放口，部分废水未经处理直排干湖塘。我局执法人员当场在该单位直排口进行采样，经化验分析得知，该直排口废水的化学需氧量为 252mg/L。以上监测数据已超过《污水综合排放标准》（GB8978-1996）表 4 一级标准（化学需氧量为 100mg/L）。上述行为已违反了《中华人民共和国水污染防治法》第二十二条第一款的有关规定，依据《中华人民共和国水污染防治法》第七十五条第二款的规定，按照《南湖区环境保护局行政处罚自由裁量标准实施细则》，自由裁量幅度按"二万元以上五万元以下"的标准处罚。 　　区环保局初审意见建议责令企业限期拆除并处以人民币贰万元罚款。企业在 10 月 7 日收到处罚告知书后，没有提出申辩意见。
评审团集体决议	▇▇▇▇▇▇
评审团成员签名	▇▇ ▇▇ ▇▇ ▇▇ ▇▇

附：公众参与环境监管的域外经验^①

华盛顿波托马克河：志愿者为保护生态献力量

●根据河流监管计划，组织热心的志愿者，监管沿岸可能发生的违法行为。

波托马克河从北由马里兰州向南，从哥伦比亚特区西端流向大海。从大华盛顿地区中心穿过的波托马克河，东岸有举世闻名的肯尼迪艺术中心、水门饭店、乔治敦大学，西岸有美国国防部、阿灵顿公墓等，河中心有罗斯福岛。波托马克河上有6座桥把弗吉尼亚北部和哥伦比亚特区连接在一起。波托马克河河水清澈，两岸草坪绿意盎然。每逢美国国庆等重大节日，华盛顿地区的民众会聚集在波托马克河西岸，观赏晚上绽放在华盛顿纪念碑上空的焰火。

多年来，波托马克河能够为大华府地区的民众提供不可替代的美丽休闲场所，有各级政府的政策和财政支持，也有民众的积极参与。波托马克河生态维护协会的负责人告诉记者，波托马克河的生态平衡始终面临新的威胁和挑战，如河两边发生违章砍伐，就可能诱发水土流失；任何污染水源流入波托马克河，就可能导致水中的生物大面积死亡，造成生态失衡；即使是灌溉等用水过量，也会给河流带来潜在的负面影响。

为了防止这类危害发生，波托马克河生态维护协会制定了一个"河流监管计划"，组织热心维护河流健康的志愿者，监管两岸可能发生的违法行为。这些志愿者不但要有热情，还需对监管工作认真负责。生态维护协会有专门的志愿者报名网站，有意者可通过多种形式向协会报名当志愿者，协会经过一定的审查程序就可安排申请者成为波托马克河的志愿监管员。

这些志愿者经过培训后，被安排轮班监督河流两岸的违法行为。志愿者们每周都要分批定期步行或驾舟到河流的各个区域，仔细进行巡查，监管的主要方面政府相关机构，敦促政府及时处理。

　　由于这些志愿者都有很强的责任心，且都要经过一段时间的专门训练或自学，掌握一定的相关知识，因而他们的报告大都有很强的针对性，非常有利于波托马克河生态维护协会及政府其他相关部门及时采取措施，进行河流清理、植树以及防止水土流失等。

　　生态维护协会的负责人称，志愿者们在维持波托马克河生态平衡和活力方面功不可没。他们的长期参与和认真工作，不但已经成为河流监管维护工作中不可或缺的部分，且已对非法活动形成了明显的威慑作用。由于这些不取分文报酬的志愿者的辛勤工作，波托马克河的生态维护工作已经进入一种良性循环。

瑞士莱茵河：保护源头严防水质污染

　　莱茵河发源于瑞士境内阿尔卑斯山区圣哥达山脉，向西北流经法国、德国、荷兰等 9 国，全长 1 320 多公里，其中通航里程 833 公里，是欧洲最繁忙、最重要的河流之一。

　　为确保莱茵河中下游流域的水质不因源头污染而受影响，瑞士各级联邦政府除了刻意保护好大河源头水系外，专业环保部门还采取特别保护措施，建立大河流域通报员制度。据悉，莱茵河流域现有通报检测站点数十个，设立的在册通报员上百个。这些设立在沿河自来水公司、矿泉水公司、食品加工厂等"用水敏感企业"的通报员，随时都在密切监测莱茵河水质的变化情况，这批常年活动在水质监测第一线的"报警员"遇到水质稍不符合规格就会立即报告相关监测部门，以便迅速检查引起污染的原因，及时采取处置措施。

新加坡河：十年清河旧貌终换新颜

● 推行"水道认管计划"，认管机构各管一段，各负其责。

称为"活跃、优美、清洁 Ac-tive，Beautiful，Clean，ABC）全民共享水源计划"，预计将在未来两三年里实施完成。

第三节　公众参与环境监督的权利保障

"没有救济就没有权利"。我国法律法规对于保障公众参与环境监督的权利进行了各种保障，公众在政府行为或合法权益遭受侵犯时可以诉诸这些救济途径，并向权力机关进行举报和控告。《环境保护公众参与办法》明确了公众参与环境监督的保障措施和原则，首先是反馈原则。接受举报的环境保护主管部门应当依照有关法律、法规规定调查核实举报的事项，并将调查情况和处理结果告知举报人。其次是保密原则。接受举报的环境保护主管部门应当对举报人的相关信息予以保密，保护举报人的合法权益。再者是奖励原则。对保护和改善环境有显著成绩的单位和个人，依法给予奖励，推动有关部门设立环境保护有奖举报专项资金

一、环境信访中的权利保障

对于公众环境信访权利的救济包含了两方面内容，对信访事项的不服进行救济和对信访机构行为的不服进行救济。

首先是对信访事项不服的救济。

信访人对环境保护行政主管部门做出的环境信访事项处理决定不服的，可以自收到书面答复之日起 30 日内请求原办理部门的同级人民政府或上一级环境保护行政主管部门复查。收到复查请求的环境保护行政主管部门自收到复查请求之日起 30 日内提出复查意见，并予以书面答复。

信访人对复查意见不服的，可以自收到书面答复之日起 30 日内请求复查部门的本级人民政府或上一级环境保护行政主管部门复核，收到复核请求的环境保护行政主管部门自收到复核请求之日起 30 日内提出复核意见。

其次是对信访机构行为不服的救济。

环境信访中，因下列情形之一导致环境信访事项发生、造成严重后果的，对直接负责的主管人员和其他直接责任人员依照有关法律、行政法规的规定给予行政处分；构成犯罪的，依法追究刑事责任：（1）超越或者滥用职权，侵害信访人

合法权益的；（2）应当作为而不作为，侵害信访人合法权益的；（3）适用法律、法规错误或者违反法定程序，侵害信访人合法权益的；（4）拒不执行有权处理的行政机关做出的支持信访请求意见的。

各级环境信访工作机构对收到的环境信访事项应当登记、受理、转送、交办和告知信访人事项的而未按规定登记、受理、转送、交办和告知信访人事项的，或者应当履行督办职责而未履行的，由其所属的环境保护行政主管部门责令改正；造成严重后果的，对直接负责的主管人员和其他直接责任人员依法给予行政处分。

二、环境举报热线投诉中的权利保障

对于举报人的举报事项未得到举报件办理部门及时处置的，现行法规规定了以下几种督促方式：

首先，举报件办结后，举报件办理部门应当及时将举报件办理结果及时答复举报人并转送承担环保举报热线工作的机构。对上级交办的举报件，负责办理的下级环境保护主管部门应当在办理后及时将办理结果向上级交办机构报告；上级交办机构发现报告内容不全或者事实不清的，可以退回原办理部门重新办理。举报件办理部门未及时转送或者报告办理结果的，环保举报热线工作人员应当及时催办。

其次，上级承担环保举报热线工作的机构发现向下级交办的举报件有下列情形之一的，应当向环境保护主管部门报告，由环境保护主管部门按照有关规定及时督办：（1）办结后处理决定未得到落实的；（2）问题久拖不决，群众反复举报的；（3）办理时弄虚作假的；（4）未按照规定程序办理的；（5）其他需要督办的情形。

对于举报热线工作人员的违法行为，现行法律规定，各级环境保护主管部门以及环保举报热线工作人员玩忽职守、滥用职权、徇私舞弊的，依法给予处分；涉嫌犯罪的，依法移送司法机关追究刑事责任。环境保护主管部门及其工作人员对举报人进行打击报复的，依法给予处分；涉嫌犯罪的，依法移送司法机关追究刑事责任。

三、政府听证会中的权利保障

现行法律法规充分保障公众的听证申请权与参加权，并对主管部门有着严格的时限要求。环境保护行政主管部门对涉及申请人与他人之间重大利益关系的环境保护行政许可事项，在作出行政许可决定之前，必须告知行政许可申请人、利害关系人享有要求听证的权利，并送达《环境保护行政许可听证告知书》。行政许可申请人、利害关系人提出听证申请后，组织听证的环境保护行政主管部门经过审核，对符合听证条件的听证申请，应当受理，并在 20 日内组织听证。组织听证的环境保护行政主管部门应当在听证举行的 7 日前，将《环境保护行政许可听证通知书》分别送达行政许可申请人、利害关系人。

环境保护行政主管部门及其工作人员违反许可制度的规定，有下列情形之一的，由有关机关依法责令改正；情节严重的，对直接负责的主管人员和其他直接责任人员依法给予行政处分：（1）对法律、法规、规章规定应当组织听证的环境保护行政许可事项，不组织听证的；（2）对符合法定条件的环境保护行政许可听证申请，不予受理的；（3）在受理、审查、决定环境保护行政许可过程中，未向申请人、利害关系人履行法定告知义务的；（4）未依法说明不受理环境保护行政许可听证申请或者不予听证的理由的。环境保护行政主管部门的听证主持人、记录员，在听证时坑忽职守、滥用职权、徇私舞弊的，依法给予行政处分；构成犯罪的，依法追究刑事责任。

附："嘉兴模式"中的环境公众监督机制创新

公众参与环境监督的形式、途径，除了现行法律法规规定的环境信访、举报、投诉、听证等形式外，在近几年的环境执法公众参与的实践中，一些地方如嘉兴

市，因地制宜，创出了如市民检查团、公众陪审团等参与环境执法模式，并取得了较好的效果。

"点单式"执法监督

"点单式"现象比喻公众参与环保执法监督不受任何外在因素制约，以人为本，以我为主，在执法部门、公众媒体和治理企业介入下实施公众代表随机抽查点名的全程专项执法行动，以架起环境责任各方相互了解信任的桥梁，保证环保执法监管的公平性。

从 2008 年创新这项制度以来，全市已开展卓有成效的"点单式"执法 50 余次，参与人数近 3 000 人次。围绕全系统"飞行监测"开展市民代表"点单式"执法行动，围绕重点信访工作开展市民群众"点单式"巡访活动，围绕"811"污染整治开展市民和专家代表"点单式"限期摘帽验收行动，围绕边界环保共建开展驻地群众代表"点单式"巡查行动。在组织实施过程中，公众参与加入全程监控，点单名单由公众代表自行确定，不受外来提供线索限制，而且可在现场对整治方案、治理进程、治理效果和设施维运情况进行面对面质询和探讨，并提出整改督办意见和要求。通过这项制度推行，全市环保执法透明度进一步提升，公众监督力不断加强，不仅增进了市民、企业和政府之间的理解和支持，而且有效强化了公众参与维权行动。

"联动化"执法监督

"联动化"现象就是以公众参与为基础，建立协作配合监督的公众多元联合参与行动，突出表现在：公众加入政府部门的联动、公众参与区域污染防治监督的联动、公众参与环保基层组织的社会联动等。实施"联动化"对支持发展公众广泛参与，结集社会各界力量助推环境保护和污染防治具有十分重要的作用。

2007 年 9 月，嘉兴市开始启动公众参与部门联动执法机制。针对环境污染违法问题突出、环保执法力量薄弱、手段单一、威慑力不够，在市委反腐败领导小组下，建立由纪检委牵头、环保、宣传、公安、法院、检察院等部门组成的四项联动执法机制。其中，以"污染有奖举报"为特色的公众监督专项宣传机制是重要的核心内容。通过广泛发动，积极展开了市民缉拿"污染户"行动，掀起"环境有奖举报"群众参与的高潮，使污染行为成过街老鼠人人喊打，形成强有力的严打态势。2008 年至 2009 年，我市在完成"市民环保检查团"和"环保专家服务团"组建基础上，着手把市民、专家监督与服务结合起来，开展"两团"联动，并采取市民代表和专家代表与企业"联姻"，无偿帮助企业解决治理难题，解决了一批污染防治的难点问题，为公众参与力促优化发展提供了强有力的支持。同时，我市不断拓展参与环境信息公示，建立环境信息网上互动的公众参与联动机制，不断增添公众参与的活力。市环保局全面改版门户网站，新增"市民检查团"、"环保志愿者在行动"、"12369 网上投诉中心"、"环保专家服务团网上咨询"、"公众满意度在线调查"等互动栏目，强化网上投诉、点评和咨询功能。在市级主要媒体上每月发布城市大气环境质量状况通报，定期公布环境信用企业和违法较重企业名单，并通过"嘉兴在线"举办互动式新闻发布会和网民座谈会。此外，还创办了嘉兴环保手机周报，开通了嘉兴环保视角、嘉兴环保网友等平台，加大信息量，提高互动性，使环保公众参与成为一种社会新时尚。

附录：公众参与环境监督法律法规摘录

国务院办公厅关于加强环境监管执法的通知（节选）

（2014 年 11 月 12 日印发）

三、积极推行"阳光执法"，严格规范和约束执法行为

坚决纠正不作为、乱作为问题。健全执法责任制，规范行政裁量权，强化对监管执法行为的约束。

（八）推进执法信息公开。地方环境保护部门和其他负有环境监管职责的部门，每年要发布重点监管对象名录，定期公开区域环境质量状况，公开执法检查依据、内容、标准、程序和结果。每月公布群众举报投诉重点环境问题处理情况、违法违规单位及其法定代表人名单和处理、整改情况。

（九）开展环境执法稽查。完善国家环境监察制度，加强对地方政府及其有关部门落实环境保护法律法规、标准、政策、规划情况的监督检查，协调解决跨省域重大环境问题。研究在环境保护部设立环境监察专员制度。自 2015 年起，市级以上环境保护部门要对下级环境监管执法工作进行稽查。省级环境保护部门每年要对本行政区域内 30%以上的市（地、州、盟）和 5%以上的县（市、区、旗），市级环境保护部门每年要对本行政区域内 30%以上的县（市、区、旗）开展环境稽查。稽查情况通报当地人民政府。

（十）强化监管责任追究。对网格监管不履职的，发现环境违法行为或者接到环境违法行为举报后查处不及时的，不依法对环境违法行为实施处罚的，对涉嫌犯罪案件不移送、不受理或推诿执法等监管不作为行为，监察机关要依法依纪追究有关单位和人员的责任。国家工作人员充当保护伞包庇、纵容环境违法行为或对其查处不力，涉嫌职务犯罪的，要及时移送人民检察院。实施生态环境损害责任终身追究，建立倒查机制，对发生重特大突发环境事件，任期内环境质量明显恶化，不顾生态环境盲目决策、造成严重后果，利用职权干预、阻碍环境监管执法的，要依法依纪追究有关领导和责任人的责任。

四、明确各方职责任务，营造良好执法环境

有效解决职责不清、责任不明和地方保护问题。切实落实政府、部门、企业和个人等各方面的责任，充分发挥社会监督作用。

（十一）强化地方政府领导责任。县级以上地方各级人民政府对本行政区域环境监管执法工作负领导责任，要建立环境保护部门对环境保护工作统一监督管理的工作机制，明确各有关部门和单位在环境监管执法中的责任，形成工作合力。切实提升基层环境执法能力，支持环境保护等部门依法独立进行环境监管和行政执法。2015 年 6 月底前，地方各级人民政府要全面清理、废除阻碍环境监管执法的"土政策"，并将清理情况向上一级人民政府报告。审计机关在开展党政主要领导干部经济责任审计时，要对地方政府主要领导干部执行环境保护法律法规和政策、落实环境保护目标责任制等情况进行审计。

（十二）落实社会主体责任。支持各类社会主体自我约束、自我管理。各类企业、事业单位和社会组织应当按照环境保护法律法规标准的规定，严格规范自身环境行为，落实物资保障和资金投入，确保污染治理、生态保护、环境风险防范等措施落实到位。重点排污单位要如实向社会公开其污染物排放状况和防治污染设施的建设运行情况。制定财政、税收和环境监管等激励政策，鼓励企业建立良好的环境信用。

（十三）发挥社会监督作用。环境保护人人有责，要充分发挥"12369"环保举报热线和网络平台作用，畅通公众表达渠道，限期办理群众举报投诉的环境问题。健全重大工程项目社会稳定风险评估机制，探索实施第三方评估。邀请公民、法人和其他组织参与监督环境执法，实现执法全过程公开。

环境信访办法（节选）

（国家环境保护总局 2006 年第 5 次局务会议通过，2006 年 7 月 1 日起施行）

**政府方面

畅通渠道

第三条 各级环境保护行政主管部门应当畅通信访渠道，认真倾听人民群众的建议、意见和要求，为信访人采用本办法规定的形式反映情况，提出建议、意见或者投诉请求提供便利条件。

各级环境保护行政主管部门及其工作人员不得打击报复信访人。

奖励

第七条 信访人检举、揭发污染环境、破坏生态的违法行为或者提出的建议、意见，对环境保护工作有重要推动作用的，环境保护行政主管部门应当给予表扬或者奖励。

对在环境信访工作中做出优异成绩的单位或个人，由同级或上级环境保护行政主管部门给予表彰或者奖励。

接待

第十二条 地方各级环境保护行政主管部门应当建立负责人信访接待日制度，由部门负责人协调处理信访事项，信访人可以在公布的接待日和接待地点，当面反映环境保护情况，提出意见、建议或者投诉。

登记处理

第二十二条 各级环境信访工作机构收到信访事项，应当予以登记，并区分情况，分别按下列方式处理：

（一）信访人提出属于本办法第十六条规定的环境信访事项的，应予以受理，并及时转送、交办本部门有关内设机构、单位或下一级环境保护行政主管部门处理，要求其在指定办理期限内反馈结果，提交办结报告，并回复信访人。对情况重大、紧急的，应当及时提出建议，报请本级环境保护行政主管部门负责人决定。

（二）对不属于环境保护行政主管部门处理的信访事项不予受理，但应当告知信访人依法向有关机关提出。

（三）对依法应当通过诉讼、仲裁、行政复议等法定途径解决的，应当告知信访人依照有关法律、行政法规规定程序向有关机关和单位提出。

（四）对信访人提出的环境信访事项已经受理并正在办理中的，信访人在规定的办理期限内再次提出同一环境信访事项的，不予受理。

对信访人提出的环境信访事项，环境信访机构能够当场决定受理的，应当场答复；不能当场答复是否受理的，应当自收到环境信访事项之日起 15 日内书面告知信访人。但是信访人的姓名（名称）、住址或联系方式不清而联系不上的除外。

各级环境保护行政主管部门工作人员收到的环境信访事项，交由环境信访工作机构按规定处理。

受理

第二十三条 同级人民政府信访机构转送、交办的环境信访事项，接办的环境保护行政主管部门应当自收到转送、交办信访事项之日起 15 日内，决定是否受理并书面告知信访人。

答复

第二十九条 各级环境保护行政主管部门或单位对办理的环境信访事项应当进行登记，并根据职责权限和信访事项的性质，按照下列程序办理：

（一）经调查核实，依据有关规定，分别做出以下决定：

1. 属于环境信访受理范围、事实清楚、法律依据充分，做出予以支持的决定，并答复信访人；

2．信访人的请求合理但缺乏法律依据的，应当对信访人说服教育，同时向有关部门提出完善制度的建议；

3．信访人的请求不属于环境信访受理范围，不符合法律、法规及其他有关规定的，不予支持，并答复信访人。

（二）对重大、复杂、疑难的环境信访事项可以举行听证。听证应当公开举行，通过质询、辩论、评议、合议等方式，查明事实，分清责任。听证范围、主持人、参加人、程序等可以按照有关规定执行。

时限

第三十条 环境信访事项应当自受理之日起 60 日内办结，情况复杂的，经本级环境保护行政主管部门负责人批准，可以适当延长办理期限，但延长期限不得超过 30 日，并应告知信访人延长理由；法律、行政法规另有规定的，从其规定。

对上级环境保护行政主管部门或者同级人民政府信访机构交办的环境信访事项，接办的环境保护行政主管部门必须按照交办的时限要求办结，并将办理结果报告交办部门和答复信访人；情况复杂的，经本级环境保护行政主管部门负责人批准，并向交办部门说明情况，可以适当延长办理期限，并告知信访人延期理由。

上级环境保护行政主管部门或者同级人民政府信访机构认为交办的环境信访事项处理不当的，可以要求原办理的环境保护行政主管部门重新办理。

协调

第十五条 各级环境保护行政主管部门可以协调相关社会团体、法律援助机构、相关专业人员、社会志愿者等共同参与，综合运用咨询、教育、协商、调解、听证等方法，依法、及时、合理处理信访人反映的环境问题。

**公众方面

检举

第七条 信访人检举、揭发污染环境、破坏生态的违法行为或者提出的建议、意见，对环境保护工作有重要推动作用的，环境保护行政主管部门应当给予表扬或者奖励。

对在环境信访工作中做出优异成绩的单位或个人，由同级或上级环境保护行政主管部门给予表彰或者奖励。

信访途径

第十一条 各级环境保护行政主管部门应当向社会公布环境信访工作机构的通信地址、邮政编码、电子信箱、投诉电话，信访接待时间、地点、查询方式等。

各级环境保护行政主管部门应当在其信访接待场所或本机关网站公布与环境信访工作有关的法律、法规、规章，环境信访事项的处理程序，以及其他为信访人提供便利的相关事项。

查询结果

第十四条 环境信访工作机构应当及时、准确地将下列信息输入环境信访信息系统：

（一）信访人的姓名、地址和联系电话，环境信访事项的基本要求、事实和理由摘要；

（二）已受理环境信访事项的转办、交办、办理和督办情况；

（三）重大紧急环境信访事项的发生、处置情况。

信访人可以到受理其信访事项的环境信访工作机构指定的场所，查询其提出的环境信访事项的处理情况及结果。

事项范围

第十六条 信访人可以提出以下环境信访事项：

（一）检举、揭发违反环境保护法律、法规和侵害公民、法人或者其他组织合法环境权益的行为；

（二）对环境保护工作提出意见、建议和要求；

（三）对环境保护行政主管部门及其所属单位工作人员提出批评、建议和要求。

对依法应当通过诉讼、仲裁、行政复议等法定途径解决的投诉请求，信访人应当依照有关法律、行政法规规定的程序向有关机关提出。

受理机构

第十七条 信访人的环境信访事项，应当依法向有权处理该事项的本级或者上一级环境保护行政主管部门提出。

信访方式

第十八条 信访人一般应当采用书信、电子邮件、传真等书面形式提出环境信访事项；采用口头形式提出的，环境信访机构工作人员应当记录信访人的基本情况、请求、主要事实、理由、时间和联系方式。

信访代表

第十九条 信访人采用走访形式提出环境信访事项的，应当到环境保护行政主管部门设立或者指定的接待场所提出。多人提出同一环境信访事项的，应当推选代表，代表人数不得超过 5 人。

义务

第二十条 信访人在信访过程中应当遵守法律、法规，自觉履行下列义务：

（一）尊重社会公德，爱护接待场所的公共财物；

（二）申请处理环境信访事项，应当如实反映基本事实、具体要求和理由，提供本人真实姓名、证件及联系方式；

（三）对环境信访事项材料内容的真实性负责；

（四）服从环境保护行政主管部门做出的符合环境保护法律、法规的处理决定。

禁止

第二十一条 信访人在信访过程中不得损害国家、社会、集体的利益和其他公民的合法权利，自觉维护社会公共秩序和信访秩序，不得有下列行为：

（一）围堵、冲击环境保护行政机关，拦截公务车辆，堵塞机关公共通道；

（二）捏造、歪曲事实，诬告、陷害他人；

（三）侮辱、殴打、威胁环境信访接待人员；

（四）采取自残、发传单、打标语、喊口号、穿状衣等过激行为或者其他扰乱公共秩序、违反公共道德的行为；

（五）煽动、串联、胁迫、以财物诱使、幕后操纵他人信访或者以信访为名借机敛财；

（六）在环境信访接待场所滞留、滋事，或者将生活不能自理的人弃留在接待场所；

（七）携带危险物品、管制器具，妨害国家和公共安全的其他行为。

程序
第三十一条 信访人对环境保护行政主管部门做出的环境信访事项处理决定不服的，可以自收到书面答复之日起 30 日内请求原办理部门的同级人民政府或上一级环境保护行政主管部门复查。收到复查请求的环境保护行政主管部门自收到复查请求之日起 30 日内提出复查意见，并予以书面答复。

复核申请
第三十二条 信访人对复查意见不服的，可以自收到书面答复之日起 30 日内请求复查部门的本级人民政府或上一级环境保护行政主管部门复核，收到复核请求的环境保护行政主管部门自收到复核请求之日起 30 日内提出复核意见。

责任
第四十一条 信访人捏造歪曲事实、诬告陷害他人的，依法承担相应的法律责任。

信访人违反本办法第二十一条规定的，有关机关及所属单位工作人员应当对信访人进行劝阻、批评或者教育。经劝阻、批评和教育无效的，交由公安机关依法进行处置。构成犯罪的，依法追究刑事责任。

环保举报热线工作管理办法（节选）

（环境保护部令第 15 号，2010 年 11 月 5 日环境保护部第 2 次部务令通过，2011 年 3 月 1 日起施行）

***政府方面

保障畅通

第四条　环保举报热线要做到有报必接、违法必查，事事有结果、件件有回音。

除发生不可抗力情形外，环保举报热线应当保证畅通。

受理举报

第八条　环保举报热线工作人员接听举报电话，应当耐心细致，用语规范，准确据实记录举报时间、被举报单位的名称和地址、举报内容、举报人的姓名和联系方式、诉求目的等信息，并区分情况，分别按照下列方式处理：

（一）对属于各级环境保护主管部门职责范围的环境污染和生态破坏的举报事项，应当予以受理。

（二）对不属于环境保护主管部门处理的举报事项不予受理，但应当告知举报人依法向有关机关提出。

（三）对依法应当通过诉讼、仲裁、行政复议等法定途径解决或者已经进入上述程序的，应当告知举报人依照有关法律、法规规定向有关机关和单位提出。

（四）举报事项已经受理，举报人再次提出同一举报事项的，不予受理，但应当告知举报人受理情况和办理结果的查询方式。

（五）举报人对环境保护主管部门做出的举报件答复不服，仍以同一事实和理由提出举报的，不予受理，但应当告知举报人可以依照《信访条例》的规定提请复查或者复核。

（六）对涉及突发环境事件和有群体性事件倾向的举报事项，应当立即受理并及时向有关负责人报告。

（七）涉及两个或者两个以上环境保护主管部门的举报事项，由举报事项涉及的环境保护主管部门协商受理；协商不成的，由其共同的上一级环境保护主管部门协调、决定受理机关。

对举报人提出的举报事项，环保举报热线工作人员能当场决定受理的，应当当场告知举报人；不能当场告知是否受理的，应当在 15 日内告知举报人，但举报人联系不上的除外。

处理期限

第九条 属于本级环境保护主管部门办理的举报件，承担环保举报热线工作的机构受理后，应当在 3 个工作日内转送本级环境保护主管部门有关内设机构。

第十条 属于下级环境保护主管部门办理的举报件，承担环保举报热线工作的机构受理后，应当通过"12369"环保举报热线管理系统于 3 个工作日内向下级承担环保举报热线工作的机构交办。

地方各级环保举报热线工作人员应当即时接收上级交办的举报件，并按规定及时进行处理。

第十一条 举报件应当自受理之日起 60 日内办结。情况复杂的，经本级环境保护主管部门负责人批准，可以适当延长办理期限，并告知举报人延期理由，但延长期限不得超过 30 日。

对上级交办的举报件，下级承担环保举报热线工作的机构应当按照交办的时限要求办结，并将办理结果报告上级交办机构；情况复杂的，经本级环境保护主管部门负责人批准，并向交办机构说明情况，可以适当延长办理期限，并告知举报人延期理由。

处理结果

第十二条 地方各级环境保护行政主管部门应当建立负责人信访接待日制度，由部门负责人协调处理信访事项，信访人可以在公布的接待日和接待地点，当面反映环境保护情况，提出意见、建议或者投诉。

各级环境保护行政主管部门负责人或者其指定的人员，必要时可以就信访人反映的突出问题到信访人居住地与信访人面谈或进行相关调查。

***公众方面

举报途径

第二条　公民、法人或者其他组织通过拨打环保举报热线电话，向各级环境保护主管部门举报环境污染或者生态破坏事项，请求环境保护主管部门依法处理的，适用本办法。

环保举报热线应当使用"12369"特服电话号码，各地名称统一为"12369"环保举报热线。

申请复核

第八条　举报人对环境保护主管部门做出的举报件答复不服，仍以同一事实和理由提出举报的，不予受理，但应当告知举报人可以依照《信访条例》的规定提请复查或者复核。

第六章 环境诉讼

第五章"公众参与环境监督"的有关规定，为公众监督环境行政机关及其行政人员是否依法行政、单位和个人是否有损害环境的行为提供了切实保障。但是可以看出，这种监督是不彻底的。公众监督不是监管，公众并不直接参与对其检举、揭发出来的环境违法行为的处理。对于环境违法行为，相关机关是否处理、处理是否得当公众并不知晓，因此，公众必须还要诉诸环境诉讼途径以维护自身合法权益或对环境违法行为予以追究。

第一节 环境诉讼制度概述

环境诉讼是指环境保护法律的主体向人民法院申述自己的主张，请求人民法院作出判决的活动。环境诉讼大体上可以分为以下三类：

一、环境行政诉讼

是指被诉方为国家行政机关及国家机关工作人员的诉讼。包括：要求履行职责之诉，即环境保护法律主体中的公民或者法人，向国家行政机关和国家机关工作人员提起的、要求法院令他们履行环境保护法律所规定的职责的诉讼。司法审查之诉，即公民或者法人对环境保护行政主管部门等的行政管理行为的合法性、恰当性向人民法院提起的诉讼，例如不服环境保护行政主管部门的行政处罚决定而提起的诉讼。

案例　真实的当下中国：状告环保局^①

2014 年 2 月 24 日，环保部有关负责人向媒体通报 23 日空气污染情况。卫星遥感监测表明，23 日我国中东部地区空气污染影响面积约为 98 万平方公里，其中空气污染较重面积约为 80 万平方公里，主要集中在北京、河北、山西、山东、河南、辽宁等地。

2 月 23 日，开展空气质量新标准监测的 161 个城市中，有 50 个城市发生了重度及以上污染，其中 11 个城市为严重污染。与 22 日相比，重度污染城市数量增加 16 个，严重污染城市数量增加 1 个。来看雾霾下的中国。

【李贵欣——状告环保第一人】

石家庄市新华区的李贵欣本月 20 日状告石家庄市环境保护局，李贵欣的诉求不仅是要被告依法履行治理大气污染的职责，他还就大气污染对其造成的损失提出由被告来进行赔偿。赔偿数额 10 000 元，据悉，李贵欣成了因雾霾告环保局的全国第一人。以下是李贵欣的自述：

"据我了解，我这个应该是全国首例公民因为空气污染向政府机关提起损害赔偿请求的环境诉讼案。空气污染给百姓造成的损失去找谁？找企业吗？企业说，我们的排放都是达标的。而且究竟是哪个企业给你带来的损失？是钢厂，还是药厂？责任承担主体不好定。

---

① 《石家庄市民因空气污染状告环保局　为全国首例》，载《燕赵都市报》，2014 年 2 月 25 日。

损害已经发生，施害一方却无法确认，我就必须得找它的管理部门——环保局。如果环保部门管理到位，企业都遵守法律，按标准排放，那么空气恶化到这种程度，就说明你的标准是有问题的，应该修改标准；如果说企业没按标准排放，就说明执法有问题。总之，管理部门是要承担责任的。

我之所以提出行政赔偿，是想让每一位公民看到，在雾霾当中，我们是实实在在的受害者，不仅是健康受到威胁，经济也遭受损失，而这个损失是应该由政府、由环境管理部门来承担的，因为政府收了企业的税，是受益者。

我认为政府应该对每位居民进行环境赔偿，比如向每位居民发放防霾口罩，为每个家庭补贴购买空气净化器等等。不管是政府埋单，还是由排污企业共同埋单，这样的赔偿是必要的。

我认为法院会给出公正的判决。我的赔偿要求即使不被支持，我打这个官司本身也是种胜利。面对雾霾锁城，牢骚声很多，但有谁真正在法律框架之内，运用法律武器有理有据地去维护自身权益？我的行为实际上是一种"唤醒"：唤醒民众的法律意识，维护自身权益；唤醒环境执法部门采取有力手段，让老百姓能呼吸上新鲜口气；同时也唤醒政府、立法部门关注环境问题，多方联动，大力治污。"

二、环境民事诉讼

是指环境保护法律主体的民事权利受到或者可能受到损害时，为请求国家保护自己的合法民事权利而向人民法院对侵权行为人提起的诉讼。包括：停止侵害之诉，即对那些已经从事或者正在从事的破坏环境或者污染环境、从而对他人造成侵权的违法民事行为人提起的诉讼；排除妨碍之诉，即对那些从事了影响他人行使财产权或者环境权的行为人提起的诉讼；消除危险之诉，即对真实地计划从事某种活动并会对自己的民事权利或者环境权利造成危害的人提起的诉讼；损害赔偿之诉，即对因环境污染已经对自己的财产或者人身造成了实际损害的他人提起的诉讼，目的在于获得赔偿。

"甘肃噪声扰民第一案"——一起因噪声污染而对簿公堂的案件。因不满楼下酒店排出的油烟和水泵发出的噪声干扰，兰州市黄河北岸实创现代城居民小区的十几家住户联名将该酒店告上法庭，要求赔偿损失。

2008年9月，兰州鑫海大酒店在实创现代城20号楼租下了一层至三层经营餐饮。从此，十几户居民的平静生活被打破。装修时的噪声、正式营业后酒店排风扇发出的嗡嗡声，酒店传菜员上下楼梯的声音都给小区住户的日常生活造成不同程度的困扰。小区住户找到酒店协调却没有得到相应解决，求助物业也无果而终。

物业部门就是接受业主的委托，按照和业主签订的服务合同约定，对物业实施管理，从而维护业主和使用人的合法权益，为人们创造优雅、舒适、安全的生活环境。在这次纠纷中，物业显然没有进行有效的管理，致使业主的合法权益受到了损害。

也有住户曾到安宁区环保局反映情况，而鑫海大酒店并未执行由环保局执法人员提出的整改要求。住户希望有关人员到现场进行实地监测，但得到的答复是安宁区环保局环境监理站不具备监测的资质。最后，住户只好自己出资求助于兰州交通大学环境工程检测中心进行专业监测。这其实是环保部门没有实施有效的监管职责，属于行政管理的缺位。

经过专业测试人员24小时分段定点监测，住户们房间里白天最高噪声达到了49.8分贝，晚上达到48.2分贝。并且，在每天5时30分至6时、9时至12时、17时30分至18时30分、23时至24时，这4个时段的噪声均超过了40分贝。根据《中华人民共和国城市区域环境噪声标准》规定，在以居住、文教机关为主的区域，白天噪声不得超过55分贝，夜间不得超过45分贝。而《城市区域环境噪声测量方法》规定，不得不在室内测量时，室内噪声标准要比所在区域低10分贝。因此，鑫海大酒店很明显是违规的。

点评：噪声污染不但能够影响人的听力，而且会导致高血压、心脏病、记忆力衰退、注意力不集中及其他精神综合征。生活条件的改善，使得老百姓不再简单满足于"居有定所"，更要求居住条件的舒适和品位，"健康生活"的理念逐渐普及。当自己合法权益受到侵害时，人们渐渐学会了拿起法律武器捍卫自身权利。

三、环境刑事诉讼

是指由国家检察机关为追究环境犯罪者的刑事责任向人民法院提起的诉讼。在刑事诉讼中，公众只有检举举报权，而不能直接发起诉讼，因此一般不纳入我们要讨论的"参与式公众诉讼"的范畴。

环境诉讼按原告与案件有无利害关系区分，又可分为：利害关系人诉讼与公益诉讼。

按传统的法学理论，只有与案件有直接利害关系的人，才能向法院提起诉讼。所以"利害关系人诉讼"（或"环境私益诉讼"）是最常见也是实践相对成熟的环境诉讼类型。但随着现代大工业文明的发展，面对产品质量问题、环境污染问题，消费者、受害者作为弱势一方，难以"经济地"通过诉讼讨回公道，于是出现了公益诉讼，它不要求有直接利害关系，不要求起诉人是法律关系当事人，是对"利害关系人诉讼"的例外规定。关于公益诉讼的定义，通常认为是指特定的国家机关和相关的组织和个人，根据法律的授权，对违反法律法规，侵犯国家利益、社会利益或特定的他人利益的行为，向法院起诉，由法院依法追究法律责任的活动。

"公益诉讼"在国外对应为"public interest litigation"诉讼活动。在中国，公益诉讼包括民事公益诉讼和行政公益诉讼，这是按照适用的诉讼法的性质或者被诉对象（客体）的不同划分的；按照提起诉讼的主体，公益诉讼可以划分为检察机关提起的公益诉讼、其他社会团体和个人提起的公益诉讼，前者称为民事公诉或行政公诉，后者称为一般公益诉讼。

《奥胡斯公约》与环境公益诉讼

《奥胡斯公约》对于"信息公开环境公益诉讼"与"公众参与环境决策公益诉讼"进行了一定的区别对待。

对环境信息公开公益诉讼可以说全面放弃了传统的原告起诉资格。第4条特别规定，对于申请政府环境信息的公众而言，其"无须声明涉及何种利益"；第9条规定，对于这种信息申请的请求"被忽视部分或全部被不当驳回未得到充分答复或未得到该条所规定的处理"，缔约国有义务在国家立法的框架内确保任何申请人"都能够得到法庭或依法设立的另一个独立公正的机构的复审"。这就意味着任何人都可以申请政府环境信息，对于这种申请结果，任何人都可以向法庭提起诉讼或者依法设立的其他独立机构提出行政复议。

对于公众参与政府环境决策的权利，公约对于"公众"与"所涉公众"进行了区分，后者是指"正在受或可能受环境决策影响或在环境决策中有自己利益的公众"，而前者则泛指所有的公众。不过，公约也特别声明，"倡导环境保护并符合

本国法律之下任何相关要求的非政府组织应视为有自己的利益"，因此环境非政府
组织（NGO）仍然应被视为"所涉公众"。公约第 6 条除了确认"公众"的参与权
外，也在某些地方确认了"所涉公众"的参与权。对于"所涉公众"的参与权，第
9 条要求缔约国应在国家立法的框架内确保其"能够求助于法庭和/或依法设立的另
一个独立公正的机构的复审程序以便就第 6 条规定范围内的任何决定、作为或不作
为在实质和程序上的合法性提出质疑"；与此同时，第 9 条也确认，"每个缔约方
应确保只要符合国家法律可能规定的标准"，"公众即可诉诸行政程序或司法程序
以便就违反与环境有关的国家法律规定的个人和公共当局的作为和不作为提出质
疑"。这些规定就意味着，《奥胡斯公约》要求缔约国对于非政府环保组织关于参
与权的公益诉讼权利给予强制性保障，而对于一般公众参与权的环境公益诉讼权
利，则要求缔约国酌情予以保障。

　　《奥胡斯公约》有关环境公益诉讼的规定在全球范围之内都是属于比较先进的
法律理念，在欧洲对于公益诉讼向来比较保守的氛围下，这种规定更是显得异乎寻
常。欧洲国家传统上法律只会给予有限的公益组织（如消费者保护组织）提出公益
诉讼起诉资格，而《奥胡斯公约》不仅在公众参与环境决策方面拓展了这一传统，
而且在环境政府信息公开领域更是为全方位的公益诉讼铺平了道路。

第二节　环境私益诉讼

　　环境私益诉讼，是指公民、法人或其他组织受到或者可能受到环境污染事件
损害时，为保障自己合法权益而向人民法院对侵权行为人提起的诉讼。作为公民
个人，在遇到环境污染发生时，可以诉诸多种渠道维护权利：信访、举报投诉、
要求行政机关予以处罚或申请调解、诉讼。以上途径在第五章环境监督中已提及
（见图 6-1），本章重点讲述通过法院诉讼维权。

　　2014 年 4 月 24 日新修订的《环境保护法》集中规定了"环境私益诉讼"及
其诉讼时效：因污染环境和破坏生态造成损害的，应当依照《中华人民共和国侵
权责任法》的有关规定承担侵权责任。提起环境损害赔偿诉讼的时效期间为三年，
从当事人知道或者应当知道其受到损害时起计算。

　　在这之前，《侵权责任法》第八章规定了"环境污染责任"，确立了环境私益
诉讼的基本原则。首先明确了环境侵权责任的涵义，因污染环境造成损害的，污

染者应当承担侵权责任。其次规定了该责任的举证责任，即因污染环境发生纠纷，污染者应当就法律规定的不承担责任或者减轻责任的情形及其行为与损害之间不存在因果关系承担举证责任。再次确立了责任大小的认定方式，两个以上污染者污染环境，污染者承担责任的大小，根据污染物的种类、排放量等因素确定。因第三人的过错污染环境造成损害的，被侵权人可以向污染者请求赔偿，也可以向第三人请求赔偿。污染者赔偿后，有权向第三人追偿。

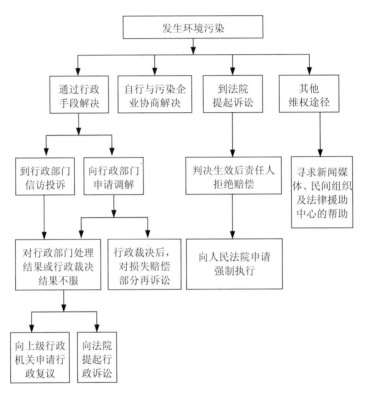

图 6-1 环境污染发生后的公民维权流程

环境污染损害赔偿责任实行的是无过错责任原则。无过错的责任原则是指一切污染和破坏环境的单位或个人，只要客观上造成损害结果，即使主观上不是故意和没有过失，也应当承担损害赔偿责任。也就是说，致害者无论有无主观过错，行为有无违法，排污有无超标，都不影响赔偿的责任成立，只要致害者的行为与损害结果之间具有因果关系，赔偿损害即可成立。《民法通则》第 106 条和第 124

条也确认了这一赔偿原则。

一、环境侵权责任的构成要件

环境侵权责任，是指由于实施环境侵权行为，依法应当承担的民事法律后果。由此概念进一步表明，在追究环境侵权行为人的民事责任过程中，环境侵权责任是环境侵权行为的必然结果，也是环境侵权行为的最终落脚点。环境侵权责任应当具备如下几方面的要件：

1. 行为人实施了环境侵权行为

行为人实施环境侵权行为，意味着行为人实施了利用环境并从中获取利益或价值的行为，并且该行为具有一定的侵害性。至于这种行为是否要承担相应的责任，还要看承担责任的其他构成要件。

2. 行为的致损性

所谓行为的致损性，是指侵权行为导致的他人合法权益受损害的后果，既包括造成了实际的损害后果，也包括可能受到的现实危险。这实际上是针对以往对于侵权行为或是侵权责任的归责要件之一的损害结果而言的。侵权责任关于损害的一般理论认为，损害后果必须是客观真实和确定的，是具有救济的可能的。如果没有造成实际的损失，就没有救济的依据，这符合一般社会公平的观念。但在环境侵权中，造成的损害往往波及广大空间、延续很长时间，具有一定的潜伏性，受侵害者不能明显觉察到损害的发生。因为法律本身就具有预见、评价、引导人们行为的作用，对于可能造成损害结果的环境利用行为，从其开始就应该具有法律上的否定评价，进而指导人们的行为。对于从环境中获取利益或价值并可能对环境造成损害的环境利用行为，责令其承担相应的不利后果，是法律所追求的公平的体现，也符合可持续发展的人类发展目标。可见，在环境侵权责任的追究上，对于损害的要求应不同于传统侵权责任的实际损害后果，这种损害既可以是已经造成的实际的损害后果，也可以是损害后果尚未实际发生，但是已使他人人身、财产，尤其是那些尚未被具体化为权利的人们环境权益受到了现实威胁。一言以蔽之，在行为的损害后果要件上，只要环境利用行为有致损性，利用人就应当承担相应的责任。

3. 环境侵权行为与致损后果之间具有因果关系

传统的侵权法领域，在因果关系的认定上，要求侵害行为与损害结果之间具有直接的因果关系。但用这种理论来审视环境侵权，许多行为与损害结果间的因果关系则无法确立，对环境侵权受害人的民事救济非常不利。这种因果关系的复杂性主要表现为：第一，环境侵权通过环境这一载体，经过一定的潜伏和积累，通过自然界的新陈代谢，最终影响到人类，其因果关系不容易直接和立即表现出来。第二，环境侵权的原因事实是排放于环境的各种污染物。对于诸多污染物性质、毒理及其在环境中迁移、扩散和转化的规律，以及它们对生物和人体的危害，人们尚不能很快作出科学说明，很难取得因果关系的直接证据。第三，污染物在环境中具有潜伏期和积累性，污染行为与损害结果之间，可能有一个相当长的时间差，也使因果关系认定极为困难。第四，很多环境侵权的损害结果是多因子复合作用的结果。

因此，在环境侵权行为与致损后果之间因果关系的认定上，采用了因果关系推定的原则，即在确定环境侵权行为与损害结果之间的因果关系时，为保护受害人的利益，如果无因果关系的直接证据，可以通过采用举证责任倒置的方法或采用间接证据推定其因果关系。也就是说，行为人若不能证明损害不是其造成的，则法院可推定行为人的行为与损害结果之间具有因果关系，行为人因此要承担侵权责任。因果关系推定原则在世界各国司法实践中被广泛适用于环境侵权案件，其合理性已得到普遍承认。最高人民法院 1992 年 7 月 14 日发布的《关于适用〈中华人民共和国民事诉讼法〉若干问题的意见》（2015 年 2 月 4 日起失效）第 74 条第 3 项规定："环境侵权行为中，被告否认侵权事实的，负举证责任。"2009 年 12 月 26 日通过的《侵权责任法》进一步明确了这一原则。

二、环境侵权责任赔偿范围

1. 财产损害赔偿

财产损害赔偿财产损害一般实行全额赔偿原则，即侵权行为人承担赔偿责任的大小以其所造成的实际损害为限，损失多少，赔偿多少。但是由于环境侵害行为具有持续性、缓慢性的特点，对环境的侵害是不间断的，对环境的影响是缓慢的、渐进的、累积的，因而在考虑损害赔偿时应包括：第一，直接损失，即既得利益的丧失或现有财产的减损，应直接计算；第二，间接损失，即可得利益的损失，也应计算在内。间接损失是指受害人在正常情况下应当得到但因受环境污染或破坏而未能得到的那部分收入。

2. 人身损害赔偿

人身损害是指侵权行为对受害人的生命权、身体权、健康权等的侵害，并致受害人伤残或死亡。人身损害的主要表现形态有三种：第一，因环境侵权致被害人丧失生命（死亡）；第二，因环境侵权而导致人的身体组织器官的完整性受损，使人的组织器官缺失或丧失其功能，如造成残疾等；第三，因环境污染而致人的生理机能的完整性以及持续、稳定、良好的心理状态受到损害，如受害人因饮用被污染的水而导致某种疾病等。对人身损害一般依人身损害的程度确立赔偿范围，即由侵权行为造成他人人身损害，以因伤害人身而引起的财产损失作为标准，损失多少财产就赔偿多少。人身损害越重，赔偿就越多；而人身损害较轻，赔偿则相对减少。

3. 精神损害赔偿

精神损害是指因侵权行为所引起的受害人精神上的痛苦和肉体上的疼痛。如原告因住宅附近的噪声污染而致神经衰弱。在英美法中，受害人死亡，其近亲属得主张精神损害，而在对人身或人格侵害的案件中，受害人均可就疼痛、痛苦或其他精神方面的损害主张救济。我国过去在侵权法理论上一般不承认精神损害的赔偿，而视之为资本主义法律制度的产物。最高人民法院于 2001 年 3 月 10 日公布了《关于确定民事侵权精神损害赔偿责任若干问题的解释》（以下简称《解释》），就有关精神损害赔偿问题作出详细规定。《解释》也应当适用于环境侵权中的精神损害赔偿。根据《解释》，因侵权致人精神损害，只有在造成严重后果的情况下才支持精神损害抚慰金的赔偿。精神损害的赔偿数额根据侵权人的过错程度，侵害的手段、场合、行为方式等具体情节，侵权行为所造成的后果，侵权人的获利情况，侵权人承担责任的经济能力和受诉法院所在地平均生活水平予以确定。

综上所述，赔偿损失范围包括：污染造成财产的直接减少或灭失；损害人体健康所支付的医疗费、护理费、必要的营养费、误工工资、奖金、交通费以及因受害人自行消除污染、排除危害而实际支付的费用。污染损害应赔偿全部实际损失，但往往致害者的经济承受能力难以做到，目前污染损害纠纷的赔偿常常没有100%，所以赔偿问题要看具体情况而定。

第三节　环境公益诉讼

环境公益诉讼是指为了保护社会公共的环境权利和其他相关权利而进行的诉讼活动，也是针对保护个体环境权利及相关权利的"环境私益诉讼"而言的。环境公益诉讼是指社会成员，包括公民、企事业单位、社会团体依据法律的特别规定，在环境受到或可能受到污染和破坏的情形下，为维护环境公共利益不受损害，针对有关民事主体或行政机关而向法院提起诉讼的制度。实践证明，这项制度对于保护公共环境和公民环境权益起到了非常重要的作用。

这里，个人在诉讼中承担相关诉讼负担的能力有限，个人提起公益诉讼的积极性相对较弱；而组织，特别是公益性组织，可以结合各方资源，更有能力负担诉讼，对于推动公益诉讼具有重要意义。

近几年，我国在环境公益诉讼领域进行了许多有益的探索。例如，贵州省贵阳市中级法院设立了环境保护审判庭，贵阳市清镇市法院设立了环境保护法庭；江苏省无锡市两级法院相继成立环境保护审判庭和环境保护合议庭，无锡市中级法院和市检察院联合发布了《关于办理环境民事公益诉讼案件的试行规定》；云南省昆明市中级法院、市检察院、市公安局、市环保局联合发布了《关于建立环境保护执法协调机制的实施意见》，规定环境公益诉讼的案件由检察机关、环保部门和有关社会团体向法院提起诉讼。但在2012年之前，国家层面法律的缺失导致其在适用中仍存在很多不确定性，在地域上存在法律适用不统一的情况。如：对南京违章搭建紫金山观景台案、画家严学正诉椒江区文体局案等案件，法院都是以"法无明文规定"为由判决原告败诉，或以当事人诉请的事项"不属于法院的受案范围"为由将当事人拒之门外。

公益诉讼来了"国家队"

客观的说，公益诉讼主体的门还是窄的，目前由社会组织提起的公益诉讼，还不足以打痛无良企业和商家。[①]值得关注的是，为贯彻落实党的十八届四中全会关于探索建立检察机关提起公益诉讼制度的改革要求，2015 年 7 月 1 日全国人民代表大会常务委员会颁布《关于授权最高人民检察院在部分地区开展公益诉讼试点工作的决定》，授权最高人民检察院在生态环境和资源保护、国有资产保护、国有土地使用权出让、食品药品安全等领域开展提起公益诉讼试点（试点地区十三个省）。7 月 2 日，最高人民检察院颁布《检察机关提起公益诉讼改革试点方案》，探索建立检察机关提起公益诉讼制度，充分发挥检察机关法律监督职能作用，促进依法行政、严格执法。《方案》明确公益诉讼包括民事公益诉讼与行政公益诉讼两大类。

试点案件范围：（1）检察机关在履行职责中发现污染环境、食品药品安全领域侵害众多消费者合法权益等损害社会公共利益的行为，在没有适格主体或者适格主体不提起诉讼的情况下，可以向人民法院提起民事公益诉讼。（2）检察机关在履行职责中发现生态环境和资源保护、国有资产保护、国有土地使用权出让等领域负有监督管理职责的行政机关违法行使职权或者不作为，造成国家和社会公共利益受到侵害，公民、法人和其他社会组织由于没有直接利害关系，没有也无法提起诉讼的，可以向人民法院提起行政公益诉讼。试点期间，重点是对生态环境和资源保护领域的案件提起行政公益诉讼。

检察机关提起公益诉讼应保持谦抑原则，遵循"诉前程序穷尽"原则。即提起公益诉讼前，人民检察院应当依法督促行政机关纠正违法行政行为、履行法定职责，或者督促、支持法律规定的机关和有关组织提起公益诉讼。经过诉前程序，国家和社会公共利益仍处于受侵害状态的，检察机关才可以提起公益诉讼。

【域外经验】

在美国，20 世纪 70 年代以来通过的涉及环境保护的联邦法律都通过"公民诉讼"条款明文规定公民的诉讼资格。根据"公民诉讼"制度，原则上利害关系人乃至任何人均可对违反法定或主管机关核定的污染防治义务的，包括私人企业、美国政府或其他各级政府机关在内的污染源提起民事诉讼；以环保行政机关对非

[①]沈彬：《公益诉讼仅靠"国家队"远远不够》，http://view.163.com/15/0803/09/B036FK5J00012Q9L.html

属其自由裁量范围的行为或义务的不作为为由，对疏于行使其法定职权，执行其法定义务的环保局局长提起行政诉讼。

日本的环境公益诉讼所指的主要是环境行政公益诉讼，这种诉讼的出发点主要在于维护国家和社会公共利益，对行政行为的合法性进行监督和制约。

欧洲很多国家也有相关规定，例如，法国最具特色和最有影响的环境公益诉讼制度是越权之诉，只要申诉人利益受到行政行为的侵害就可提起越权之诉。意大利有一种叫做团体诉讼的制度，它是被用来保障那些超个人的利益，或者能够达到范围很广的利益的一种特殊制度。

一、环境公益民事诉讼

（一）公益诉讼的主体

2012年8月31日我国新修订的《民事诉讼法》首次承认了民事公益诉讼，第55条规定："对污染环境、侵害众多消费者合法权益等损害社会公共利益的行为，法律规定的机关和有关组织可以向人民法院提起诉讼。"但对于哪些组织是适格的环境公益诉讼主体，仍不明确。

2014年4月24日新修订的《环境保护法》第58条明确规定环境公益诉讼制度，并细化了"有关组织"的公益诉讼主体资格："对污染环境、破坏生态，损害社会公共利益的行为，符合下列条件的社会组织可以向人民法院提起诉讼：（1）依法在设区的市级以上人民政府民政部门登记；（2）专门从事环境保护公益活动连续五年以上且无违法记录。符合前款规定的社会组织向人民法院提起诉讼，人民法院应当依法受理。提起诉讼的社会组织不得通过诉讼牟取经济利益。"[1]

2014年12月8日通过的《最高人民院关于审理环境民事公益诉讼案件适用法律若干问题的解释》第2条进一步明确：依照法律、法规的规定，在设区的市级以上人民政府民政部门登记的社会团体、民办非企业单位以及基金会等，可以认定为环境保护法第58条规定的社会组织。根据现有行政法规，在民政部门登记

---

[1] 2014年的泰州环境公益诉讼案是一起由环保组织作原告、检察院支持起诉的环境公益诉讼案件，不仅参与主体最特殊、诉讼程序最完整，而且涉案被告最多、判赔金额最大，同时探索创新最多、借鉴价值最高，展示出人民法院鲜明的环境司法政策，堪称示范性案例。竺效：《真正拉开环境民事公益诉讼的序幕》，载《中国法律评论》2015年第1期。参见 http://www.civillaw.com.cn/bo/zlwz/? 29071。

的非营利性社会组织只有社会团体、民办非企业单位以及基金会三种类型，但《解释》没有将社会组织限定在上述三种类型，而是保持了一定的开放性，今后如有新的行政法规或地方性法规拓展了社会组织的范围，这些社会组织也可以依法提起环境民事公益诉讼。

《解释》明确了"专门从事环境保护公益活动"的定义：社会组织章程确定的宗旨和主要业务范围是维护社会公共利益，且从事环境保护公益活动的，可以认定为环境保护法第58条规定的"专门从事环境保护公益活动"。社会组织提起的诉讼所涉及的社会公共利益，应与其宗旨和业务范围具有关联性。

《解释》明确了"无违法记录"的定义：社会组织在提起诉讼前五年内未因从事业务活动违反法律、法规的规定受过行政、刑事处罚的，可以认定为环境保护法第58条规定的"无违法记录"。

2014年12月26日颁布的《最高人民法院、民政部、环境保护部关于贯彻实施环境民事公益诉讼制度的通知》明确，法院可根据案件需要向社会组织的登记管理机关查询或者核实社会组织的基本信息，包括名称、住所、成立时间、宗旨、业务范围、法定代表人或者负责人、存续状态、年检信息、从事业务活动的情况以及登记管理机关掌握的违法记录等。

（二）公益诉讼的特征

因同一污染环境、破坏生态行为提起的环境民事公益诉讼与私益诉讼在诉讼目的、诉讼请求上存在区别，但在审理对象、案件事实认定等方面又存在紧密联系。《解释》中规定了公益诉讼的几项特殊的诉讼制度：

一是"公益诉讼原告加入制度"，即人民法院受理公益诉讼案件后，依法可以提起诉讼的其他机关和有关组织，可以在开庭前向人民法院申请参加诉讼。人民法院准许参加诉讼的，列为共同原告。但是公益诉讼案件的裁判发生法律效力后，其他依法具有原告资格的机关和有关组织就同一侵权行为另行提起公益诉讼的，人民法院裁定不予受理。

值得注意的是，人民法院受理公益诉讼案件，并不影响同一侵权行为的受害人（即私益诉讼主体）根据民事诉讼法第119条规定提起环境私益诉讼。但是私益诉讼主体不能以人身、财产受到损害为由申请参加公益诉讼，而是应另行起诉。

二是私益诉讼可搭公益诉讼"便车"。为了提高私益诉讼的审判效率同时防止作出相互矛盾的裁判，还应允许私益诉讼原告"搭便车"，即环境民事公益诉讼生效判决的认定有利于私益诉讼原告的，其可以在私益诉讼中主张适用。《解释》第30条规定："对于环境民事公益诉讼生效裁判就被告是否存在法律规定的不承担责任或者减轻责任的情形、行为与损害之间是否存在因果关系、被告承担责任的大小等所作的认定，因同一污染环境、破坏生态行为依据民事诉讼法第119条规定提起诉讼的原告主张适用的，人民法院应给予支持，但被告有相反证据足以推翻的除外。"但是，被告主张直接适用对其有利的认定的，人民法院不予支持，被告仍应举证证明。

三是"和解（调解）协议公告制度"，公益诉讼案件当事人达成和解或者调解协议后，人民法院对和解或者调解协议并不立即予以审查确认，而是先进行公告。公告期间不得少于30日。公告期满后，人民法院经审查，和解或者调解协议不违反社会公共利益的，应当出具调解书；和解或者调解协议违反社会公共利益的，不予出具调解书，继续对案件进行审理并依法作出裁判。

此外，为解决生态环境的整体性与保护的分散性之间的矛盾，克服地方保护主义，《解释》允许公益诉讼按流域和生态区域实行跨行政区划集中管辖。比如刚刚成立的北京市第四中级人民法院受案范围之一就是北京市范围内跨行政区划的环境保护案件。

（三）公益诉讼的诉讼请求与判决

对污染环境、破坏生态，已经损害社会公共利益或者具有损害社会公共利益重大风险的行为，原告可以请求被告承担停止侵害、排除妨碍、消除危险、恢复原状、赔偿损失、赔礼道歉等民事责任。

其中，环境公益诉讼中的请求恢复原状，特指判决被告将生态环境修复到损害发生之前的状态和功能。无法完全修复的，可以准许采用替代性修复方式。法院可以在判决被告修复生态环境的同时，确定被告不履行修复义务时应承担的生态环境修复费用；也可以直接判决被告承担生态环境修复费用。这里的生态环境修复费用包括制定、实施修复方案的费用和监测、监管等费用。

对于原告请求被告承担检验、鉴定费用，合理的律师费以及为诉讼支出的其他合理费用的，法院也可予以支持。

新环保法后首例公益诉讼中的赔偿责任范围①

2015 年 10 月 29 日上午 9 时，福建南平市中级人民法院对我国新《环保法》生效后的第一起环境公益诉讼案件——福建南平生态破坏案一审开庭宣判。该案是一起破坏生态的环境民事公益诉讼案，被告谢某等违法开矿，严重破坏了周围的天然林地，被破坏的林地不仅本身完全丧失了生态功能，而且影响到了周围生态环境功能及整体性，导致生态功能脆弱或丧失。

法院认定被告谢某、倪某、郑某、李某行为具有共同过错，构成共同侵权，判令四被告五个月内清除矿山工棚、机械设备、石料和弃石，恢复被破坏的 28.33 亩林地功能，在该林地上补种林木并抚育管护三年，如不能在指定期限内恢复林地植被，则共同赔偿生态环境修复费用 110.19 万元；共同赔偿生态环境受到损害至恢复原状期间服务功能损失 127 万元，用于原地生态修复或异地公共生态修复；共同支付原告自然之友、福建绿家园支出的评估费、律师费、为诉讼支出的其他合理费用 16.5 万余元。

该案原告是民间环保组织自然之友和福建绿家园，由南平市人民检察院、中国政法大学环境资源法研究和服务中心支持起诉，第三人南平市国土资源局延平分局、南平市延平区林业局参加庭审。

该案判决具有具有示范意义的亮点：判决罕见地支持了生态环境损害赔偿金，支持了原告的律师费和办案费用。这对未来同类诉讼意义重大。

（四）诉讼的参与流程

综上所述，公众在污染事件发生时，可以采取以下步骤诉讼维权（见图 6-2）：

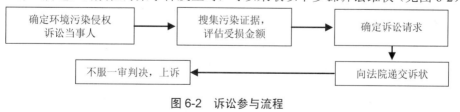

图 6-2 诉讼参与流程

---

① 《新《环保法》实施后 NGO 打赢首例公益诉讼》，载于《公益时报》2015 年 11 月 4 日版。

1. 确定环境污染侵权诉讼当事人

在污染事件环保诉讼中，除受害人直接作为原告外，环保公益组织也享有原告资格。公众视情况决定诉诸私益诉讼还是公益诉讼。需要注意的是，如需要寻找诉讼代理人，可向当地法律援助中心或向民间社会组织寻求法律援助。

2. 搜集污染证据，评估受损金额

受害方有义务提供初步证据，以证明被告存在污染行为，并证明己方因该污染行为所遭受的损失金额。同时，搜集、固定污染证据（包括进行相关鉴定），评估受损金额，也是诉前必不可少的重要环节。对于污染状况，可以委托有资质的监测机构进行监测；对于因果关系或者污染损害后果计算，可以申请鉴定机构予以鉴定，相关费用都可以在诉讼时请求被告支付。

3. 确定诉讼请求

诉讼请求主要有以下几种：停止侵害、排除妨碍、消除危险、恢复原状、赔偿损失、赔礼道歉等。

4. 向人民法院递交诉状，进入审理程序

5. 不服一审判决则上诉

若一审案件得不到公正解决，可以上诉到上一级人民法院；如还得不到解决，可以向法院申请再审（申诉），或申请检察院抗诉。

∞环境公益诉讼主体之争

2014年浙江省"两会"上，浙江省高级人民法院院长齐奇表示，浙江的环境公益诉讼仍没有实现零的突破，并呼吁环保团体要履行自己的职责，勇于代表老百姓提起公益诉讼。那么，环境公益诉讼为何迟迟不肯"露面"呢？

2012年新修订的《民事诉讼法》第55条规定："对污染环境、侵害众多消费者合法权益等损害社会公共利益的行为，法律规定的机关和有关组织可以向人民

法院提出诉讼。"这份《民事诉讼法》修正草案的通过，敞开了环境公益诉讼的大门。但是，"有关组织"是哪些组织，在 2014 年 4 月前并无界定和说明。在实际法律操作中，法院无法认定"有关组织"究竟是哪些组织、什么组织。所以，《民事诉讼法》第 55 条开启了环境公益诉讼的司法程序，却又没有激活它。正是这一条款一直未得到真正落实，在司法解释出台前，甚至暂时可能出现法官以无法律认定诉讼主体为由，拒绝社团提起公益诉讼的现象。

民间环保组织十分期待法律能够赋予他们代为提起环境公益诉讼的职责。而 2014 年 4 月之前只有部分地区的检察机关或政府机关被赋予了这个职权，但在实践中，他们绝少提起这类诉讼。浙江省环境公益诉讼最早实践在嘉兴，2011 年，平湖、嘉善、桐乡等地检察院分别以公益诉讼原告身份提起环境污染责任纠纷之诉，且三起案件均以被告主动协商而调解撤诉结案。因 2013 年新施行的修改后民事诉讼法规定提起公益诉讼原告主体应为法律规定的机关或有关组织，浙江省的公益诉讼活动一度停滞。2013 年 7 月，浙江高级人民法院特别同意嘉兴市环保联合会作为当地环境污染公益诉讼案件的起诉主体，先行探索公益诉讼，以进一步推动环境保护公益诉讼工作，并明确表示依法支持各地环保联合会作为公益诉讼主体起诉的案件。这一做法，加强了对违反环保法律法规的民事侵权行为的追责力度。①

点评：2014 年 4 月新《环境保护法》开放了公益诉讼的门槛，这使得大量民间环保组织可以代替缺乏法律和环境知识背景的污染受害者提起诉讼，进而遏制住一些环境污染，至少这些污染企业得正视诉讼。期待环境公益诉讼能为我国的环境保护事业发挥应有的作用，成为政府环境执法的必要补充。

∞嘉兴市环保联合会与环境维权

为了推进和加快嘉兴市环保社团建设、壮大环保公众参与队伍、促进全市生态文明建设和环境保护工作，由嘉兴市环境科学学会、市新闻工作者协会、市律师协会、市节能协会和市环保产业协会五家社团发起组建嘉兴市环保联合会。

---

① 浙江省高级人民法院审判委员会委员、刑事审判第一庭庭长陈光多《在浙江法院保障"五水共治"依法推进 建设"两美浙江"新闻通气会上的发言稿》（2014 年 6 月 10 日），来源：http://www.zjcourt.cn/content/20140610000001/20140610000007.html。

2011 年 10 月，嘉兴市环保局下发《关于进一步加强环保公众参与工作的若干意见》（嘉环发[2011]179 号）明确提出，要规范公众参与的环境维权。探索建立各地环境维权中心，或通过联合会（分会）设立环境维权部，组织市民代表依法开展环境公益诉讼活动，强化环境法律、行政和民事责任的追究。

2011 年 11 月，嘉兴市成立环境维权中心，为市环保联合会所属的环境维权中心，主要承担四大职责：一是向公众开展环境权益知识的宣传教育活动，提高公众的环境权益意识；二是开展环保法律、法规和政策的咨询服务；三是代理各类环境诉讼案件，通过法律途径维护环境权益；四是代理非诉讼环境法律事务，通过非诉讼手段，对环境权益受到侵害的公民、法人及其他组织进行维护和救助。

点评： 环境权益维护中心为市民搭建了一个普法、学法、维权、诉讼平台。在代理环境诉讼案件时，面对经济困难的当事人，环境权益维护中心减免相关费用；而涉及公民、法人或其他组织为维护社会环境公共利益提起的环保公益诉讼，环境权益维护中心将无偿代理。嘉兴市环境权益维权中心是全省成立的首家环境维权中心，它的成立不仅搭建了公众参与环保事业"一会三团一中心"的平台，更强化了环境维权重要环节的公众参与，提升公众环境维权意识，充分运用法律手段维护社会的公共环境权益。这有助于推进我市环境污染损害赔偿纠纷制度建设的规范化、法治化、社会化。

∞嘉兴检察机关提起全省首起环境保护公益诉讼

平湖起诉五家违法排污企业承担连带赔偿责任[①]

2011 年 11 月 3 日，由浙江省嘉兴市检察院指导、协调办理的浙江省首例环境保护公益诉讼案由平湖市检察院向该市法院依法提起。检察机关以公益诉讼原告身份，请求法院判令嘉兴市绿谊环保服务有限公司等五被告赔偿因环境污染造成的直接经济损失计人民币 54.1 万余元，同时承担本案诉讼费。

检察机关查明，2010 年 9 月至 10 月，嘉兴市绿谊环保服务有限公司在未依法取得危险废物处置经营许可证的情况下，接受海宁蒙努集团有限公司等四家制革公司委托，将制革过程中产生的 5 000 余吨含铬污泥倾倒在平湖市当湖街道大胜村林角圩桥西南侧的池塘内，含铬废物被列入《国家危险废物名录》，而该区域为平湖市饮用水水源二级保护区。事件发生后，当地群众遂向环保部门举报。2011 年 11 月，平湖市环保局在接到群众举报后对此案予以立案调查，并于 2012 年 4 月 8 日对嘉兴市绿谊环保服务有限公司作出行政处罚。

为防止污染的扩大和处置过程中次生污染的产生，平湖市政府及环保等相关部门采取了排除妨害的措施，清除了污泥，付出了巨额经费和人力、物力。检察机关认为，以上五家企业严重违反了环境保护的法律法规，造成环境污染和经济损失的严重后果，构成共同侵权，依法应当承担连带责任。

据悉，平湖市法院已经正式受理此案。另据了解，2011 年 8 月，浙江省检察院和浙江省环保厅联合出台了《关于积极运用民事行政检察职能加强环境保护的意见》，明确要求建立健全运用民事行政检察职能加强环境保护的一系列长效协作机制，共同保护浙江的环境资源。

二、环境公益行政诉讼

环境公益诉讼的诉讼对象具有特殊性。环境公益诉讼除了可以针对民事主体，还可以针对行政主体。民事主体是指由于在社会生活经济活动中对环境造成破坏或损害即可以成为环境民事公益诉讼的对象。而对行政主体而言，行政机关作为

[①] 范跃红，周轶，曹笑薇：《浙江检察机关首次提起环境保护公益诉讼》，载《检察日报》，2011 年 11 月 7 日。

公共利益的维护者，在个体利益的驱动下也往往未履行其法定职责，对环境造成严重的危害。甚至国家推行的一些规划、计划、政策也只注重了经济利益忽略了环境价值，对环境造成的危害更为严重。所以这也就成为环境公益诉讼的另一类对象。这即是环境公益行政诉讼。

环境公益行政诉讼的标的，包括以下情形：环境行政控制无力或不能干预时，即可成为环境公益诉讼的对象。国家行政机关未履行法定职责，构成了对环境公共利益损害的不当行政行为，也是环境公益诉讼的对象。按照我国《行政诉讼法》第25条"行政行为的相对人以及其他与行政行为有利害关系的公民、法人或者其他组织，有权提起诉讼"，因此不具有利害关系的机关或社会组织不具有原告资格，无权提起行政诉讼。尽管现行法律框架下没有建立起环境公益行政诉讼机制，但各地已经开展了一些实践。

∞中华环保联合会首次以原告身份提起针对环境的公益诉讼①

2013年，中华环保联合会认为国家海洋局针对康菲石油中国有限公司（简称康菲公司）复产作出的批复决定，对政府依法行政和中国环境保护与公众权益维护造成损害，于是向市一中院递交诉状起诉国家海洋局，要求确认对方批准康菲公司复产决定违法，应依法重新作出具体行政行为。

中华环保联合会是经国务院批准、合法注册的全国性环保公益组织，致力于维护公众和社会、生态环境权益。此案为该联合会首次以原告身份提起针对环境的公益诉讼。

中华环保联合会介绍，2011年6月4日和17日，隶属于康菲公司的蓬莱19-3油田先后发生两起重大溢油事故，国家海洋局认定该起事故为重大海洋溢油污染责任事故。2012年10月24日，国家海洋局制作《国家海洋局关于蓬莱19-3油田开发生产整改及调整工程环境影响报告书核准意见的批复》（简称"716号批复"），但并未向当事人及社会公开。2013年2月16日，国家海洋局消息称，康菲公司经过一系列整改，油田已具备正常作业条件……国家海洋局同意其逐步实施恢复生产相关作业。

中华环保联合会称，得知康菲获得复产消息后，于2013年5月14日向国家

① http://law365.legaldaily.com.cn/ecard/post_view.php? post_id=9858.

海洋局要求公开核准文件以及核准的依据性文件。6月28日，国家海洋局回函并公开了"716号批复"和据此作出的环境影响报告书（简本）。

点评：2013年，国内环保组织提起的所有环境公益诉讼无一被法院受理，也就是说是以"零"记录告终。中华环保联合会提起的该件诉讼，不仅2013年时会被法院裁定不予受理，时至今日也很难被受理。究其原因是其诉讼被告是政府，即行政诉讼，而我国法律尚无确立环境公益行政诉讼，因此中华环保联合会作为与本案行政行为没有直接利害关系，不是适格原告，法院可不予受理。

∞金沙县检察院首"吃螃蟹"开行政公益诉讼先河

金沙县检察院诉县环保局行政不作为案，2014年9月，金沙县检察院审查环境执法相关材料过程中发现，佳乐公司修建宏圆大厦时，欠缴2013年3月至2014年10月的噪声排污费121 520元，立即要求县环保局依法履职。10月13日，在金沙县环保局的催促下，佳乐公司缴纳了拖欠的噪声排污费。虽然已经缴纳排污费，但佳乐公司拖延支付排污费近一年，已对国有财政资金造成损害，其行为依法应当受到处罚。检察院认为，金沙县环保局未按规定对佳乐公司逾期缴纳排污费行为进行处罚，存在履职不到位。

2014年10月20日，金沙县检察院以行政公益诉讼原告身份将金沙县环保局诉至有管辖权的遵义市仁怀市法院，请求判令金沙县环保局依法履行处罚职责。仁怀市法院经审查后立案受理并向金沙县环保局依法送达了相关法律文书。

点评：虽然民事公益诉讼制度已经确立，但现行及新修订的行政诉讼法中并没有关于"行政公益诉讼"的条文。针对行政公益诉讼由谁启动、如何启动等问题并无法律规定的现状，2014年贵州省先行先试制定《关于创新环境保护审判机制　推动我省生态文明先行区建设的意见》，明确国家机关、环保公益组织为环境公共利益，可以依照法律对涉及生态环境的具体行政行为和行政不作为提起环境行政公益诉讼。值得关注的是，2015年全国人大常委会特别授权检察机关进行行政公益诉讼的试验。

行政公益诉讼应明确启动程序，一个渠道是社会团体或者自然人可以请求检察机关提起，另一个渠道是检察机关自己发现。检察机关发现违法行政行为的，一般不宜直接提起公诉，应当先督促纠正，然后发出检察建议。在这些措施未起作用的情况下，再提起诉讼。

行政公益诉讼为何"千呼万唤始出来"？

《行政诉讼法》规定有资格提起行政诉讼的，必须是认为行政机关和行政机关工作人员的行政行为侵犯其合法权益的个人或组织。换言之，起诉者必须与被诉行政行为有着法律上的直接或间接利害关系。若个人或组织无任何利害关系，即便行政行为是违法的，也无权提起行政诉讼。在以合法权益救济为直接目标的诉讼中，法院若撤销、变更、确认违法行政行为，则间接收解决纠纷、监督行政之效。

之所以如此定位，主要考虑有：第一，起诉人以他人利益或公共利益受到行政行为侵犯为由提起诉讼的，其是否能在诉讼中真正表达和维护他人利益或公共利益，不无疑问；第二，行政诉讼的进行必定消耗有限的司法资源。若任何个人或组织基于监督者的角色，凡认为行政行为违法的，皆可起诉，那么，无论行政行为最终是否被判断违法，担负审理之责的法院/法官必定应接不暇、疲于奔命，司法乃至行政的效率也会极大受阻。由此，行政诉讼制度拒绝纯粹的监督之诉，而把没有任何利害关系的个人或组织对违法行政的检举、控告，让渡于信访等其他制度。单纯以维护公益为目标的行政公益诉讼，原则上也就未被广泛接受。

为了保证公益诉讼切实发挥其预期功效，而又不至于被滥用以耗费司法资源、阻碍行政效率，需要应对两大挑战——行政公益诉讼起诉者的胜任性和行政公益诉讼的辅助性。首先，起诉者应该是有资格、有能力成为公共利益的代言人，应该有持续的动力为公益而挑战行政机关，应该是有理有利有节地真正出于公心起诉，而不是单纯为了博得虚妄的声誉。其次，原则上，以下三种情形，行政公益诉讼不宜行之：（1）违法行政存在利害关系人且利害关系人愿意提起行政诉讼的；（2）违法行政是公共利益受损的间接因素，直接致害的是从事违法犯罪行为的个人、企业或其他组织，而民事公益诉讼或刑事诉讼可有效阻止或补救公益损害的；（3）违法行政可以由行政机关自身及时自我纠正的。

探索完善行政公益诉讼将为依法监督行政不作为、乱作为提供有效的法律解决途径。检察机关是法律监督机关，对行政机关有抗衡能力，由检察机关作为公共利益代表人，充当行政公益诉讼原告，不仅合适也切实可行。2015年全国人大常委会特别授权检察机关进行行政公益诉讼的试验，而没有扩大到其他非国家机

关的公益组织。可解释其试图先行考察检察机关作为行政公益诉讼起诉者的胜任性，而不排斥未来的开放性。[①]

附录：环境诉讼法律法规摘录

中华人民共和国民事诉讼法

（1991 年 4 月 9 日由第 7 届全国人民代表大会第 4 次会议通过，自公布之日起施行）

第四十八条　公民、法人和其他组织可以作为民事诉讼的当事人。

法人由其法定代表人进行诉讼。其他组织由其主要负责人进行诉讼。

第五十五条　对污染环境、侵害众多消费者合法权益等损害社会公共利益的行为，法律规定的机关和有关组织可以向人民法院提起诉讼。

第一百一十九条　起诉必须符合下列条件：

（一）原告是与本案有直接利害关系的公民、法人和其他组织；

（二）有明确的被告；

（三）有具体的诉讼请求和事实、理由；

（四）属于人民法院受理民事诉讼的范围和受诉人民法院管辖。

中华人民共和国环境保护法

（2014 年 4 月 24 日由第 12 届全国人民代表大会常务委员会第 8 次会议通过，自 2015 年 1 月 1 日起施行）

第五十八条　对污染环境、破坏生态，损害社会公共利益的行为，符合下列条件的社会组织可以向人民法院提起诉讼：

（一）依法在设区的市级以上人民政府民政部门登记；

---

①沈岿:《如何为公益而战？》，载《工人日报》，2015 年 7 月 18 日 05 版.

（二）专门从事环境保护公益活动连续五年以上且无违法记录。

符合前款规定的社会组织向人民法院提起诉讼，人民法院应当依法受理。

提起诉讼的社会组织不得通过诉讼牟取经济利益。

第六十四条 因污染环境和破坏生态造成损害的，应当依照《中华人民共和国侵权责任法》的有关规定承担侵权责任。

第六十六条 提起环境损害赔偿诉讼的时效期间为三年，从当事人知道或者应当知道其受到损害时起计算。

中华人民共和国侵权责任法

（中华人民共和国主席令第 21 号，2009 年 12 月 26 日由全国人民代表大会常务委员会第 12 次会议通过，自 2010 年 7 月 1 日起施行）

第六十五条 因污染环境造成损害的，污染者应当承担侵权责任。

第六十六条 因污染环境发生纠纷，污染者应当就法律规定的不承担责任或者减轻责任的情形及其行为与损害之间不存在因果关系承担举证责任。

第六十七条 两个以上污染者污染环境，污染者承担责任的大小，根据污染物的种类、排放量等因素确定。

第六十八条 因第三人的过错污染环境造成损害的，被侵权人可以向污染者请求赔偿，也可以向第三人请求赔偿。污染者赔偿后，有权向第三人追偿。

最高人民法院关于审理环境民事公益诉讼案件适用法律若干问题的解释

（法释[2015]1 号，2014 年 12 月 8 日最高人民法院审判委员会第 1631 次会议通过，自 2015 年 1 月 7 日起施行）

第一条 法律规定的机关和有关组织依据民事诉讼法第五十五条、环境保护法第五十八条等法律的规定，对已经损害社会公共利益或者具有损害社会公共利益重大风险的污染环境、破坏生态的行为提起诉讼，符合民事诉讼法第一百一十九条第二项、第三项、第四项规定的，人民法院应予受理。

第二条　依照法律、法规的规定，在设区的市级以上人民政府民政部门登记的社会团体、民办非企业单位以及基金会等，可以认定为环境保护法第五十八条规定的社会组织。

第三条　设区的市，自治州、盟、地区，不设区的地级市，直辖市的区以上人民政府民政部门，可以认定为环境保护法第五十八条规定的"设区的市级以上人民政府民政部门"。

第四条　社会组织章程确定的宗旨和主要业务范围是维护社会公共利益，且从事环境保护公益活动的，可以认定为环境保护法第五十八条规定的"专门从事环境保护公益活动"。

社会组织提起的诉讼所涉及的社会公共利益，应与其宗旨和业务范围具有关联性。

第五条　社会组织在提起诉讼前五年内未因从事业务活动违反法律、法规的规定受过行政、刑事处罚的，可以认定为环境保护法第五十八条规定的"无违法记录"。

第十条　人民法院受理环境民事公益诉讼后，应当在立案之日起五日内将起诉状副本发送被告，并公告案件受理情况。

有权提起诉讼的其他机关和社会组织在公告之日起三十日内申请参加诉讼，经审查符合法定条件的，人民法院应当将其列为共同原告；逾期申请的，不予准许。

公民、法人和其他组织以人身、财产受到损害为由申请参加诉讼的，告知其另行起诉。

第十一条　检察机关、负有环境保护监督管理职责的部门及其他机关、社会组织、企业事业单位依据民事诉讼法第十五条的规定，可以通过提供法律咨询、提交书面意见、协助调查取证等方式支持社会组织依法提起环境民事公益诉讼。

第十三条　原告请求被告提供其排放的主要污染物名称、排放方式、排放浓度和总量、超标排放情况以及防治污染设施的建设和运行情况等环境信息，法律、法规、规章规定被告应当持有或者有证据证明被告持有而拒不提供，如果原告主张相关事实不利于被告的，人民法院可以推定该主张成立。

第十五条　当事人申请通知有专门知识的人出庭，就鉴定人作出的鉴定意见或者就因果关系、生态环境修复方式、生态环境修复费用以及生态环境受到损害至恢复原状期间服务功能的损失等专门性问题提出意见的，人民法院可以准许。

前款规定的专家意见经质证，可以作为认定事实的根据。

第十六条 原告在诉讼过程中承认的对己方不利的事实和认可的证据，人民法院认为损害社会公共利益的，应当不予确认。

第十八条 对污染环境、破坏生态，已经损害社会公共利益或者具有损害社会公共利益重大风险的行为，原告可以请求被告承担停止侵害、排除妨碍、消除危险、恢复原状、赔偿损失、赔礼道歉等民事责任。

第十九条 原告为防止生态环境损害的发生和扩大，请求被告停止侵害、排除妨碍、消除危险的，人民法院可以依法予以支持。

原告为停止侵害、排除妨碍、消除危险采取合理预防、处置措施而发生的费用，请求被告承担的，人民法院可以依法予以支持。

第二十条 原告请求恢复原状的，人民法院可以依法判决被告将生态环境修复到损害发生之前的状态和功能。无法完全修复的，可以准许采用替代性修复方式。

人民法院可以在判决被告修复生态环境的同时，确定被告不履行修复义务时应承担的生态环境修复费用；也可以直接判决被告承担生态环境修复费用。

生态环境修复费用包括制定、实施修复方案的费用和监测、监管等费用。

第二十一条 原告请求被告赔偿生态环境受到损害至恢复原状期间服务功能损失的，人民法院可以依法予以支持。

第二十二条 原告请求被告承担检验、鉴定费用，合理的律师费以及为诉讼支出的其他合理费用的，人民法院可以依法予以支持。

第二十三条 生态环境修复费用难以确定或者确定具体数额所需鉴定费用明显过高的，人民法院可以结合污染环境、破坏生态的范围和程度、生态环境的稀缺性、生态环境恢复的难易程度、防治污染设备的运行成本、被告因侵害行为所获得的利益以及过错程度等因素，并可以参考负有环境保护监督管理职责的部门的意见、专家意见等，予以合理确定。

第二十四条 人民法院判决被告承担的生态环境修复费用、生态环境受到损害至恢复原状期间服务功能损失等款项，应当用于修复被损害的生态环境。

其他环境民事公益诉讼中败诉原告所需承担的调查取证、专家咨询、检验、鉴定等必要费用，可以酌情从上述款项中支付。

第二十九条　法律规定的机关和社会组织提起环境民事公益诉讼的，不影响因同一污染环境、破坏生态行为受到人身、财产损害的公民、法人和其他组织依据民事诉讼法第一百一十九条的规定提起诉讼。

第三十条　已为环境民事公益诉讼生效裁判认定的事实，因同一污染环境、破坏生态行为依据民事诉讼法第一百一十九条规定提起诉讼的原告、被告均无须举证证明，但原告对该事实有异议并有相反证据足以推翻的除外。

对于环境民事公益诉讼生效裁判就被告是否存在法律规定的不承担责任或者减轻责任的情形、行为与损害之间是否存在因果关系、被告承担责任的大小等所作的认定，因同一污染环境、破坏生态行为依据民事诉讼法第一百一十九条规定提起诉讼的原告主张适用的，人民法院应予支持，但被告有相反证据足以推翻的除外。被告主张直接适用对其有利的认定的，人民法院不予支持，被告仍应举证证明。

最高人民法院关于适用《中华人民共和国民事诉讼法》的解释

（法释[2015]5 号，2014 年 12 月 18 日最高人民法院审判委员会第 1636 次会议通过，自 2015 年 2 月 4 日起施行）

十三、公益诉讼

第二百八十四条　环境保护法、消费者权益保护法等法律规定的机关和有关组织对污染环境、侵害众多消费者合法权益等损害社会公共利益的行为，根据民事诉讼法第五十五条规定提起公益诉讼，符合下列条件的，人民法院应当受理：

（一）有明确的被告；

（二）有具体的诉讼请求；

（三）有社会公共利益受到损害的初步证据；

（四）属于人民法院受理民事诉讼的范围和受诉人民法院管辖。

第二百八十五条　公益诉讼案件由侵权行为地或者被告住所地中级人民法院管辖，但法律、司法解释另有规定的除外。

因污染海洋环境提起的公益诉讼，由污染发生地、损害结果地或者采取预防污染措施地海事法院管辖。

对同一侵权行为分别向两个以上人民法院提起公益诉讼的，由最先立案的人民法院管辖，必要时由它们的共同上级人民法院指定管辖。

第二百八十六条 人民法院受理公益诉讼案件后，应当在十日内书面告知相关行政主管部门。

第二百八十七条 人民法院受理公益诉讼案件后，依法可以提起诉讼的其他机关和有关组织，可以在开庭前向人民法院申请参加诉讼。人民法院准许参加诉讼的，列为共同原告。

第二百八十八条 人民法院受理公益诉讼案件，不影响同一侵权行为的受害人根据民事诉讼法第一百一十九条规定提起诉讼。

第二百八十九条 对公益诉讼案件，当事人可以和解，人民法院可以调解。

当事人达成和解或者调解协议后，人民法院应当将和解或者调解协议进行公告。公告期间不得少于三十日。

公告期满后，人民法院经审查，和解或者调解协议不违反社会公共利益的，应当出具调解书；和解或者调解协议违反社会公共利益的，不予出具调解书，继续对案件进行审理并依法作出裁判。

第二百九十条 公益诉讼案件的原告在法庭辩论终结后申请撤诉的，人民法院不予准许。

第二百九十一条 公益诉讼案件的裁判发生法律效力后，其他依法具有原告资格的机关和有关组织就同一侵权行为另行提起公益诉讼的，人民法院裁定不予受理，但法律、司法解释另有规定的除外。

第七章　公众参与环境教育

中国目前正面临着严峻的人口、资源及环境污染和生态破坏等问题。人类社会赖以发展的环境基础正在动摇，这种退化影响着人类的生活质量，威胁着经济秩序的稳定，干扰人类社会的进步。当然，造成环境污染和生态破坏的原因也是多方面的。其中还有一个很重要的原因是人们对环境保护缺乏认识，所以在各类学校和社区广泛开展环境教育是非常必要的。目前，公民对环境问题的敏感度差，正是由于环境教育不到位所致；公民认识不到环境教育的重要性，如此形成恶性循环，阻碍环境教育的发展。

中国首次提出环境教育设想是在 1973 年第一次全国环保会议，它是我国环境教育的里程碑。1996 年 7 月第四次全国环境保护工作会议又提出"保护环境就是保护生产力，环境意识和环境质量如何是衡量一个国家和民族文明程度的重要标志"的思想。

第一节　环境教育制度概述

我国目前的环境立法和环境政策中多处规定了环境教育中的公众参与。如：

2014 年 4 月 24 日修订通过的新《环境保护法》第 9 条规定："各级人民政府应当加强环境保护宣传和普及工作，鼓励基层群众性自治组织、社会组织、环境保护志愿者开展环境保护法律法规和环境保护知识的宣传，营造保护环境的良好风气。教育行政部门、学校应当将环境保护知识纳入学校教育内容，培养学生的环境保护意识。新闻媒体应当开展环境保护法律法规和环境保护知识的宣传，对环境违法行为进行舆论监督。"2015 年 7 月 13 日颁布的《环境保护公众参与办法》首次明确规定了环境宣传教育的公众参与环节。

2011 年 10 月 17 日,《国务院关于加强环境保护重点工作的意见》(国发[2011]35 号)要求开展全民环境宣传教育行动计划,培育壮大环保志愿者队伍,引导和支持公众及社会组织开展环保活动。

1996 年 8 月 3 日,《国务院关于环境保护若干问题的决定》(国发[1996]31 号)指出,环境保护关系到全民族的生存和发展,保护环境实质上就是保护生产力。各地区、各部门都要进一步提高对环境保护工作重要性的认识,进一步加强环境保护宣传教育,广泛普及和宣传环境科学知识和法律知识,切实增强全民族的环境意识和法制观念。各地区、各部门必须把环境保护法律知识作为干部和职工培训的重要内容,提高各级领导干部和人民群众遵守环境保护法律法规的自觉性。大、中、小学要开展环境教育。建立公众参与机制,发挥社会团体的作用,鼓励公众参与环境保护工作,检举和揭发各种违反环境保护法律法规的行为。报纸、广播、电视等新闻媒介,应当及时报道和表彰环境保护工作中的先进典型,公开揭露和批评污染、破坏生态环境的违法行为。对严重污染、破坏生态环境的单位和个人予以曝光,发挥新闻舆论的监督作用。

此外,2011 年 4 月 22 日,环境保护部、中央宣传部、中央文明办、教育部、共青团中央、全国妇联等六部门联合编制的《全国环境宣传教育行动纲要(2011 — 2015 年)》(环发[2011]49 号)也对推动建立全民参与环境保护的社会行动体系做出了全面工作部署。上述法律法规和文件为公众有效参与环境教育提供了切实保障。

第二节　环境教育的目标和原则

环境教育的意义在于,通过宣传教育使得社会各界认识到,环境保护对于注重民生、转变经济发展方式和优化经济结构的重要作用。通过对环境保护优化经济增长的先进典型,推进污染减排、探索环保新道路的新举措和新成效等的宣传普及,积极调动公众参与的力量,建立全民参与环境保护的社会行动体系,为建设资源节约型和环境友好型社会、提高生态文明水平营造浓厚舆论氛围和良好的社会环境。

为此,全国环境宣传教育行动纲要明确了环境宣传教育工作的总体目标与基本原则，作为开展环境宣教工作的指导方针。

环境宣传教育工作总体目标是，通过开展环境宣传教育活动，普及环境保护知识，增强全民环境意识，提高全民环境道德素质；加强舆论引导和舆论监督，增强环境新闻报道的吸引力、感召力和影响力；加强上下联动和部门互动，构建多层次、多形式、多渠道的全民环境教育培训机制，建立环境宣传教育统一战线，形成全民参与环境保护的社会行动体系；建立和完善环境宣传教育体制机制，进一步提高服务大局和中心工作的能力与水平。

环境宣传教育工作基本原则，包括四项内容：服务中心，突出重点；创新形式，打造品牌；规范引导，有序参与；整合资源，形成合力。

由此可以明确，环境宣传教育重点要把握以下几点，一是重点利用报纸、电视、网络等媒体资源开展宣传教育，为推进环境保护事业营造良好舆论氛围。二是环境教育因人而异，针对不同公众人群，开展各具特色的环境宣传教育活动，打造环境宣传教育品牌。三是完善激励机制，鼓励和引导公众以及环保社会组织积极有序参与环境保护。这些原则为指导建立充满活力、富有成效的公众参与环境教育工作体系奠定了坚实基础。

第三节　公众参与环境教育的方式和途径

全国环境宣传教育行动纲要明确了公众参与环境宣传教育的几个途径包括：

1. 主题宣传

围绕建设资源节约型、环境友好型社会和提高生态文明水平，以"世界环境日"、"世界地球日"、"生物多样性保护日"等纪念日为契机，开展范围广、影响大的环境宣传活动。不断改进宣传内容及形式手段，丰富宣传题材、风格和载体，贴近群众、贴近生活、贴近实际、不断增强宣传教育活动的实效。

2. 环境法制宣传

针对不同对象的不同特点提出不同要求，广泛、深入、扎实地开展环境法制宣传教育，提高公众预防环境风险意识，鼓励公众依法参与环境公共事务，维护环境权益；提高企业守法意识，自觉履行社会责任。

3. 农村环境宣传

利用广播、电视、电影、图书、文艺表演、经典诵读和技能培训等多种形式，扎实开展"环保知识下乡"活动，深化生态文明村创建工作，传播生态文明理念，引导农民自觉保护生态环境，转变生产与生活方式，提高生活质量。

4. 环境新闻发布

建立健全新闻发言人制度。充分利用各级党委、政府和"两会"新闻发布会等新闻发布平台，及时发布环境信息，对重大突发环境事件，要在第一时间向社会发布；对群众普遍关注的热点问题，要主动设置议题，及时组织发布。

5. 环境素质教育

加强基础教育、高等教育阶段的环境教育和行业职业教育，推动将环境教育纳入国民素质教育的进程。强化基础阶段环境教育，在相关课程中渗透环境教育的内容，鼓励中小学开办各种形式的环境教育课堂。推进高等院校开展环境教育，将环境教育作为高校学生素质教育的重要内容纳入教学计划，组织开展"绿色大学"创建活动。大力开展环保行业职业教育与培训，成立环保教育与培训工作专家组织，对环保行业职业教育进行研究、指导、服务和质量监控，搭建校企合作平台，建立政、产、学、研合作的有效机制。

6. 社会培训

加强面向社会的培训。各级环保部门要会同有关部门将环境教育培训列入日程，制定年度计划，面向全社会开展培训，尤其要加大对各级党政领导干部、学校教师和企业负责人的培训力度，增强他们的环境意识和社会责任感。

7. 拓展国际交流

加强与国际组织、环境教育机构、科研院校的联系，举办国家环境教育方面的国际研讨与交流。

8. 环境奖项

积极推进"中国环境大使"、"绿色中国年度人物"、"环境好新闻"、"母亲河奖等"奖项的开展，表彰先进，树立典型，激励全社会积极参与环境保护事业。

9. 环保宣传品

面向社会推出一批优秀环保宣传品。会同宣传、教育、新闻出版、文化、语言文字等部门，推出一批反映环保成就、倡导生态文明，具有思想性、艺术性、观赏性的电影、电视、戏剧、公益广告等环境宣传品，并设立优秀环境文化作品奖项。

10. 建设环境宣传教育系列工程

建设全民环境教育示范工程。推进全民环境教育试点，在不同区域的城市、学校、社区等开展一批"环境友好"试点项目。以树立生态文明风尚、践行环保理念为主题，大力推进生态文明村镇创建，深化千名环境友好使者行动、"低碳家庭·时尚生活"主题活动以及保护母亲河行动，全面总结环境教育工作经验，创新思路，转变模式，探索"环境友好型学校"、环境教育基地等实施规范和指导标准，逐步建立全民参与的社会行动体系。

建设中小学生环境教育社会实践基地。充分利用社会资源，遴选一批适合面向中小学生开放的植物园、科技馆、文化馆、博物馆、科研院校的实验室、民间环保社团等机构，建立中小学生社会实践基地。定期开展综合实践活动，就近就便接待中小学生参观实践。

附：公众参与环境教育的案例

千名青年环境友好使者行动①

"千名青年环境友好使者行动"项目（以下简称"使者行动"）是由环境保护

---

① 信息来源："千名青年环境友好使者行动"项目官方网站 http://www.1000efya.cn/。

部会同全国人大环资委、全国政协人资环委、发展和改革委、科技部、教育部、共青团中央、全国妇联八部委共同主办，由环境保护部宣传教育中心和中国青年志愿者协会共同承办，联合国环境规划署（UNEP）、江森自控有限公司提供支持，新浪网、腾讯网及人人网提供支持。

"使者行动"通过调动青年志愿者保护环境的热情，鼓励和支持他们积极投入到环境保护的实际行动中来，发挥青年人在环境保护事业中的生力军作用，从而带动全社会共同关注环保，让节能环保的理念深入人心并转化为全民自觉的行动。

青年志愿者经培训合格后，将授予授予他们由环境保护部部长签发的"青年环境友好使者"（以下简称"青年使者"）荣誉证书。青年使者积极行动，陆续在基层的机关、学校、社区、军营、企业、展会、公园和广场开展环保宣讲活动，以一传千，广泛传播环保知识，提高公众的环境意识。累计有超过百万公众接受了青年使者的培训，在社会上产生了热烈反响。

生态文明教育基地

生态文明教育基地是具备一定的生态景观或教育资源，能够促进人与自然和谐的价值观形成，教育功能特别显著的场所。包括国家级自然保护区、国家森林公园、国际重要湿地和国家湿地公园、自然博物馆、野生动物园、树木园、植物园，或者具有一定代表意义、一定知名度和影响力的风景名胜区、重要林区、沙区、古树名木园、湿地、野生动物救护繁育单位、鸟类观测站和学校、青少年教育活动基地、文化场馆（设施）等。生态文明教育基地为公民接受生态道德教育提供便利，一般生态文明教育基地对有组织的生态文明教育活动实行优惠或者免费。如杭州西溪国家湿地公园建成以"一馆(中国湿地博物馆)、一中心(深潭口环保体验中心)、一园(杭州湿地植物园)、一区(莲花滩观鸟区)"为主体的湿地科普、研究、展示体系，积极开展形式多样的环保科普宣传活动。另外，也有一些小型的农场也承载着部分生态教育功能，如杭州余杭的绿鹰农业园等举办农作物采摘和自然教育活动，普及生态理念。

嘉兴生态文明宣讲团

2011 年 2 月，嘉兴市生态文明暨环境保护宣讲团正式成立。该团由市文明办、市生态办和市环保局共同组建。该团前身是嘉兴绿色讲师团。20 名环保热心人士加盟宣讲团，成为首批宣讲师，不定期地深入乡镇、企业、学校、社区等单位开展生态环保主题宣讲活动。为使生态文明暨环境保护宣讲活动深入开展，市环保局安排必要的经费，并提供后勤保障。各地环保部门也安排必要的财力、物力，对宣讲活动予以支持。宣讲活动覆盖全市，宣讲团深入农村、企业、学校、社区和机关事业单位开展活动。各地安排的宣讲地点和对象要符合上述要求，并根据本地特点合理分配宣讲场次。宣讲内容围绕农村、企业、学校、社区和机关事业单位特点，面向特定受众，确定宣讲内容，主要包括生态文明建设和环境保护形势任务、"生态立市"战略提出的背景及要求、改善环境质量的主要措施等，并解答受众关心的生态环境问题。2012 年全年共宣讲 100 场，其中在南湖区、秀洲区各 11 场，在嘉善县、平湖市、海盐县、桐乡市、海宁市各 13 场，在嘉兴经济开发区 8 场、嘉兴港区 5 场。

湖州"民间环保公益使者评选"[①]

自 2008 年开始，湖州市每年都组织开展"湖州市民间环保公益使者评选"活动，由市民直接投票评选，至今共评选出 67 名湖州市民间环保公益使者，在全市树立起了公众自发自愿参与环保的一批典型。其中，有年届古稀却仍痴心环保十年如一日、设立"环保道德奖"的环保老人朱天荣，有活跃网络组建热衷于绿色环保、低碳生活志愿者公益活动的环保组织"爱之队"，有拥有绿色情怀、热心环保的德清县环保公益热线的钱大姐，有吴兴区龙泉小学少年国土学校 1 300 多名争做"保护地球小主人"的师生，有安吉县递铺镇昌硕社区坚持身体力行、捡拾

---

①孟琳：《第七届民间环保公益使者评选活动启动》，载《湖州晚报》，2014-03-31。

垃圾、资助公益事业的袁凤钗老人……他们身为环保卫士的一件件平凡事迹，带动着全市广大市民人人关心环境、参与环保，共建共享绿色家园。这项活动已经成为湖州地方公众参与环保的品牌，在全社会具有较强的影响力。

第四节　公众参与环境教育的保障措施

公众参与环境宣传教育作为环境保护工作的重要组成部分，应得到充分的保障。对此，《全国环境宣传教育行动纲要（2011—2015年）》给予了高度重视，要求各级政府及其部门从依法开展环境宣传教育、建立有利于环境宣传教育工作的体制机制、建立规范的全民环境意识评估体系、建立环境宣传教育工作绩效评估体系、资金支持五方面给予保障。引人注目的是，该纲要明确了公众享有参与环境宣传教育的权益，要求政府完善相关的信息公开制度，保障公众对环境宣传教育的知情权、参与权和监督权。从这个意义上讲，公众应当成为环境宣传教育工作的主体，而各级政府部门应当予以支持，具体措施如下：

第一，通过建立健全部门协调联动机制促进公众参与环境宣传教育。各级环保、宣传、教育、文明办等部门以及工会、共青团、妇联等社会团体对此各负其责，统一规划、指导、协调、规范环境宣传教育工作。

第二，通过建立规范的全民环境意识评估体系评价公众环境意识。这套评估体系包括认识意识指标、关注意识指标、行为意识指标、道德意识指标等。通过《中国公众环保指数》定期发布全民环境意识报告，全面系统地反映环境宣传教育的效果、公众环境意识水平以及公众对环保工作的满意度。

第三，通过建立环境宣传教育工作绩效评估体系不断提升公众参与环境宣传教育工作的实效。建立环境宣传教育工作的绩效评估指标体系，确定评估内容、评估方法和工作步骤，全面评估环境宣传教育工作。

第四，通过各种资金投入保障公众参与环境宣传教育工作的经费。公众参与环境宣传教育工作的经费，既有来自各级财政、发改委基础设施建设项目及各类专项资金的投入保证，也有充分调动社会力量，多渠道增加的社会融资保障。

此外，环保部于2015年7月13日颁布的《环境保护公众参与办法》进一步明确了政府对促进公众参与环境教育的保障职责：（1）环境保护主管部门应当在其职责范围内加强宣传教育工作，普及环境科学知识，增强公众的环保意识、节约意识；鼓励公众自觉践行绿色生活、绿色消费，形成低碳节约、保护环境的社会风尚；（2）环境保护主管部门可以通过项目资助、购买服务等方式，支持、引导社会组织参与环境保护活动。

附录：公众参与环境教育法规文件摘录

中华人民共和国环境保护法

（2014年4月24日由第12届全国人民代表大会常务委员会第8次会议通过，自2015年1月1日起施行）

第九条 各级人民政府应当加强环境保护宣传和普及工作，鼓励基层群众性自治组织、社会组织、环境保护志愿者开展环境保护法律法规和环境保护知识的宣传，营造保护环境的良好风气。教育行政部门、学校应当将环境保护知识纳入学校教育内容，培养学生的环境保护意识。新闻媒体应当开展环境保护法律法规和环境保护知识的宣传，对环境违法行为进行舆论监督。

环境保护公众参与办法

（环保部令第35号，自2015年9月1日起施行）（节选）

第二条 本办法适用于公民、法人和其他组织参与制定政策法规、实施行政许可或者行政处罚、监督违法行为、开展宣传教育等环境保护公共事务的活动。

第十七条 环境保护主管部门应当在其职责范围内加强宣传教育工作，普及环境科学知识，增强公众的环保意识、节约意识；鼓励公众自觉践行绿色生活、绿色消费，形成低碳节约、保护环境的社会风尚。

第十八条 环境保护主管部门可以通过项目资助、购买服务等方式，支持、引导社会组织参与环境保护活动。

全国环境宣传教育行动纲要（2011—2015年）（节选）

（环发[2011]49号）

四、"十二五"环境宣传教育行动保障措施

（一）依法开展环境宣传教育

1. 完善环境宣教法律法规。根据经济社会发展和环境保护工作的需要，制定和完善有关环境新闻和信息发布、环境宣传、环境教育等规章制度。加强环境宣教行政法规建设。各地根据当地实际，制定促进本地区环境宣教发展的地方性法规和规章。

2. 全面推进依法行政。各级政府要按照建设法治政府的要求，依法履行环境宣教职责，提升环境宣教能力。依法维护公众参与环境宣教的权益，完善信息公开制度，保障公众对环境宣教的知情权、参与权和监督权。

（二）建立有利于环境宣传教育工作的体制机制

1. 加强组织领导。各地区、各有关部门要把环境宣传教育工作放在重要位置，纳入工作全局研究部署、检查落实。在方向上牢牢把握，在工作上及时指导，在政策上大力支持，在投入上切实加强。

2. 健全环境宣传教育机构。尽快在各地区建立完整的环境宣教行政网络，分设行政编制的政府环境宣教机构和社会公益性环境宣教事业单位。

3. 加强全国地市级环境宣传教育机构能力建设。在"十一五"全国省级环境宣传教育机构标准化建设的基础上，加强对基层宣教工作投入，加强地市级环境宣教能力建设，为基层宣教工作创造条件。

4. 加强人才队伍建设。加强环保部门宣教人才、骨干的队伍建设，定期开展宣教干部业务培训交流。加大对环保社会组织和学生社团环境宣教人才队伍建设的指导和帮助力度，加强对企业环境宣教人才的培养。

5. 加强部门协作，建立健全部门协调联动机制。各级环保、宣传、教育、文明办等部门以及工会、共青团、妇联等社会团体要各负其责，统一规划、指导、协调、规范环境宣传教育工作，尽快形成政府主导、各方配合、运转顺畅、充满

活力、富有成效的工作格局。

（三）建立规范的全民环境意识评估体系

1．建立环境意识评估体系。深入调查研究，建立包括认识意识指标、关注意识指标、行为意识指标、道德意识指标等在内的环境意识评估体系。

2．定期开展全民环境意识调查，发布全民环境意识报告。以《中国公众环保指数》的形式定期发布全民环境意识报告，全面系统地反映环境宣教的效果、公众环境意识水平以及公众对环保工作的满意度，为各级政府相关部门决策提供参考。

（四）建立环境宣传教育工作绩效评估体系

1．建立环境宣传教育工作绩效评估指标体系。通过深入调研和科学规划，建立环境宣传教育工作的绩效评估指标体系，确定评估内容、评估方法和工作步骤，全面评估环境宣传教育工作。

2．分层次开展环境宣传教育工作绩效评估。定期表彰、奖励先进，开展环境宣传教育工作绩效评估，将评估情况列入干部考核内容。

3．定期对环境宣传教育工作开展和《纲要》执行情况进行通报。建立通报和信息交流制度，加强宣教信息报送，推进宣传教育信息公开。

（五）资金保障

各级政府要加大对环境宣传教育工作的资金投入力度，把环境宣传教育经费纳入年度财政预算予以保障。各级环保宣传教育部门要积极扩宽资金投入渠道，努力争取各级财政、发改委基础设施建设项目及各类专项资金的投入；要充分调动社会力量，扩大社会资源进入环保宣教的途径，多渠道增加社会融资。

第八章　结语：环境保护中的
多元治理与路径选择

　　党的十八届三中全会提出："全面深化改革的总目标是完善和发展中国特色社会主义制度，推进国家治理体系和治理能力现代化。"环境治理作为国家治理的重要组成部分，始终面临着两个基本问题：一是各治理主体作用的范围和在环境治理过程中所担当的角色；二是各治理主体采取什么样的治理工具来达成治理目标。作为一个新兴概念，国内外目前也没有形成一套"放之四海而皆准"的关于环境治理的固定模式。不同国家、不同区域，甚至同一个国家的同一座城市在不同时期都会采取不同的路径选择。

　　基于对嘉兴模式实践探索的分析，我们认为：环境治理是由不同社会主体，通过互动的、民主的方式，共建复合的运作体制，共同治理环境公共事务的模式。它至少从环境决策、环境监督和环境治理主体架构三个方面给予我们有益的路径启示。公众参与环境保护表面上看是公众议题，但本质上是政府如何自我定位，如何给社会赋权的问题，核心问题是"政府-社会"在其中应扮演何种角色。

　　在环境治理的进程中，政府需要与公众、社会组织之间形成协作互动关系，如何构建治理结构和互动机制是其中的关键性议题。以嘉兴模式为例，我们看到多元社会主体在环境治理的过程中，持续互动、相互协商、达成共识，从而推进了社会参与进程。

　　首先，公众参与是全方位的。嘉兴市的环保部门牵头搭建平台，企业、社会公众、专家、媒体从业人员、律师等参加，实现政府、行业（企业）、媒体、专家、公众等多方联动，使不同的社会群体，以不同的参与组织为依托，充分发挥他们的积极作用。

其次，公众参与也是覆盖全程的。公众参与范围涵盖项目环境规划、立项审批，环保执法监管、环保专家服务，环境违法案件处罚评审等各个环节；有关部门还针对影响恶劣的企业积极推动环境公益诉讼，鼓励公众通过公益诉讼途径参与环境保护。

最后，在对环境治理的参与中，公众参与的服务功能与监督功能并重，寓监督于服务之中。为此嘉兴市形成了市民检查团、市民评审团等组织来监督企业和政府的环境行为，而其专家服务团的参与不仅仅停留在项目评审会上，更多的是参与到企业的技术服务中去。

嘉兴模式较好地阐释了"政府-社会"之间的多元互动关系和环境治理结构上的创新，即多元社会主体参与到社会治理进程中，多个、多层、多界和多域行为主体在环境治理中采取共同的行动，从而形成多方合作、优势互补、功能融合、机制灵活的治理结构（见图8-1）。这一治理结构有助于协同创新，实现从政府单一主体的治理结构向多种社会主体治理结构转变。这一治理结构与传统社会治理形态的区别在于，在传统方式中，社会组织大多是同类社会成员的联合（"同质联合体"），而多元社会主体的治理结构具有"异质联合体"或"跨界联合体"等形态。它们往往有政界、学界、企业界、传媒界等的机构人员和普通公众参与，人员交叉兼职，角色身份多样，形成互动关联的社会合作体。

图8-1　多元社会主体的基本架构

资料来源：王国平：《培育社会复合主体研究与实践》，杭州出版社 2009 年版第 27 页。

治理的本意是服务。在治理行政的运行机制下，虽然政府也履行管制职责，但与传统的政府管制有着根本区别。在"嘉兴模式"中，环保部门积极搭建各种公众参与环境保护的平台，鼓励和推进政界、知识界、企业界、媒体界等社会主体之间的互动，形成多方参与、主要以协商方式解决所面临环境问题的合作形式。由此，我们可以发现政府在环境治理中的作用主要体现在：

制度供给。政府所提供的有关制度，决定着社会力量能否进入、怎样进入环境治理领域，并且对其他治理主体进行必要的资格审查和行为规范。如嘉兴通过项目审批圆桌会、重大环境决策征求民意等途径，让公众参与到环境信息公开、环境决策等领域中，成为政府治理的有益补充。

政策激励。即使政府主动开放某些环境治理领域，但社会力量往往会等待观望，需要政府在行政、经济等方面采取相应的鼓励和引导措施。如嘉兴通过案件处罚陪审员、市民检查团等形式鼓励社会力量参与行政管理，有效调动公众参与到环境监督、环境执法等领域中来。

外部约束。环境公共事务治理也需要"裁判员"，政府应依据法律和规章制度，对其他治理主体的行为进行监督、仲裁甚至惩罚。诉讼式公众参与正是起到了这样的作用。

本书梳理总结了公众参与环境保护的实践探索和路径选择，探究其中的政社互动关系机制构建，力图寻找到一条具有普遍适用意义的、可复制、可推广的环境治理实现路径。由于篇幅所限，本书章节中未能充分展开以上讨论与论述，作者对于这些问题的思考可见附录中收录的三篇论文。

附录1　探路协商民主法治化：环境保护立法的先行实践

环保公众参与是开展协商民主实践最早最活跃的领域

协商民主是指协商主体通过自由平等的公共协商参与决策，求同存异，合作、参与、协商，以最大限度地包容和吸纳各种利益诉求，其最典型的形式是公众参与。"公众参与"作为一种现代新兴的民主形式，已经成为世界各地探索发展民主的生动实践。我国的公众参与在立法领域和环境保护领域实行较早，有一定的法

律和制度依托，公众关注度广、参与度高。①尤其是，环境保护作为最早开展公众
参与实践的领域，虽然缺乏完善系统的公众参与统一法律，但是有关公众参与的
程序和保障规定散见于相关法律文件中，加上网络媒体的传播和推广趋势的加强，
法制化程度也相对较为完善。环保公众参与已经成为协商民主制度化实践的试验
田。

2013 年，党的十八届三中全会《中共中央关于全面深化改革若干重大问题的
决定》（以下简称《决定》）提出要推进协商民主广泛多层制度化发展，这为我们
推进社会主义民主政治建设指明了方向。目前协商民主在法律层面上存在着以下
不足：一是法律地位不明确。作为"社会主义民主的特有形式和独特优势"，协商
民主到底是一项基本制度、一种公民权利，还仅仅是一种工具，这些尚不明确。
二是协商民主的法定形式单一，实效性不强。目前法律规定的协商民主主要形式
是听证会，且强调作用是"听取意见"。"听取意见"仅仅是公民影响决策的最低
层次②，而且在实践中由于缺乏规范程序，存在着"重听取轻协商"甚至是"走过
场"的倾向，扼杀了听证会的公信力。三是协商程序规定可操作性不强。目前协
商民主实践中的最大问题是随意性较强、协商程序设计缺失。以《立法法》、《行
政法规制定程序条例》中的听取意见制度为例，各仅一个条款，未就听取意见的
时间、义务主体、具体对象和程序作出规定。

在既有经验缺乏的情况下，协商民主制度化的过程不可一蹴而就，也不能闭
门造车，它需要汲取各方面的养分，包括从本土经验中汲取养分。实际上，环境
保护作为开展公众参与实践最早最活跃的领域，多年来在公众参与制度化方面得
到相当的关注和发展，能够为其他领域的协商民主制度化提供成功的经验。

总结环保公众参与的立法经验，对我国协商民主制度化具有以下三方面借鉴
意义。

（一）从法律原则上确立协商民主是一种政府治理方式

作为我国"社会主义民主的特有形式"，目前的宪法和法律体系中都没有明确
协商民主的法律地位。在这种情况下，协不协商、何时协商、对什么进行协商，

---

① 朱檬、舒顺华：《公众参与和地方民主实践的创新》，载《实践·思想理论版》2011 年第 10 期。
② 在学界的分类体系中，公民影响决策按程度有三个层次：公民直接影响决策；政府与公民互动讨论，共
同影响决策；公民仅发挥咨询功能。参见何包钢：《协商民主：理论、方法和实践》，中国社会科学出版社
2008 年版。

都变成了一种随心所欲的行为。环境公众参与相关立法率先作出了尝试，最早是1996年《国务院关于环境保护若干问题的决定》第10条明确了公众参与是环境保护法的基本原则。

除了原则性的规定，2006年颁布的《环境影响评价公众参与暂行办法》（以下简称《办法》）还从赋权角度确立了公众参与权的法定依据。通过规定公众参与的一般要求和程序，明确了公众参与过程中享有什么样的具体权利，包括知情权、得到通知权、批评建议权和评论权、辩论权、获得记录权等权利，使公民参与权的内容大为充实，也使建设单位和环保部门在信息披露、公众意见收集、保障公众参与等方面的义务大为明确。

《办法》还明确了公众参与作为环境影响评价中的一种法定程序，是具有法律效力的。第6条规定应当征求公众意见的建设项目，其环境影响报告书中没有公众参与篇章的，环境保护行政主管部门不得受理，使公众参与的法律效力得到提高。

这些公众参与的立法从制度上为公民提供了一种与政府对话沟通的可能，从法律原则上确立了治理的理念：协商民主是一种政府治理方式。

（二）从实践中逐渐完善协商民主的基本制度

协商民主的形式与内容极其丰富多彩，对其领域、形式、主体等基本概念都还存有争议，在理论研究与立法实践尚不充沛的情况下，我们原则上应将实践中较为成熟，内涵基本确定、争论不大的基本制度逐步规定在立法中。而在这方面，环保公众参与的立法实践为我们提供了丰富的参考素材。

1．协商民主的适用领域

目前法律层面并未规定协商民主适用哪些领域。《决定》明确了协商民主的适用范围是以经济社会发展重大问题和涉及群众切身利益的实际问题为内容。但没有进一步予以细化。

环境公众参与给我们的立法经验是实行分类治理，根据项目对环境的影响程度不同，相应地对公众参与的广度和深度要求也有所不同。对可能造成重大环境影响的，应当主动以组织召开论证会、听证会的形式进行公众调查，并征求有关专家的意见；对可能造成非重大环境影响的，则仅要求接受公众对建设项目有关情况的问询。（《环境影响评价法》第16条）

2．协商民主的具体形式

实践当中由于缺乏规范程序，公众"走过场"的现象十分严重。对此，环保公众参与的立法经验值得学习。《办法》第 12 条规定了采取调查公众意见、咨询专家意见、座谈会、论证会、听证会等形式，第三章共 11 个条款规定了以上不同形式的具体实施程序，不同形式的互动性也有所不同，如听证会的程序性要求就比座谈会要强，这是目前法律法规中对公众参与组织形式最翔实的阐述；尤其是其中对听证会的参加者、听证规则、期限、参与步骤等作了比较详细的规定，使听证具备了可操作性。

3．协商代表的界别和组成

协商民主应该是利益相关方之间的协商。《办法》第 15 条体现了这一精神：环境影响报告书被征求意见的公众必须包括受建设项目影响的公民、法人或者其他组织的代表。（有关部门）应当综合考虑地域、职业、专业知识背景、表达能力、受影响程度等因素，合理选择被征求意见的代表。

公众参与过程中如何保证公开公正，兼顾各方利益，环保公众参与的另一个经验就是在协商主体中引入第三方机构和建立专家咨询委员会制度。《办法》第 5 条：建设单位可以委托承担环境影响评价工作的环境影响评价机构进行征求公众意见的活动。这一工作由取得相应资格证书的单位承担。第 17 条：专家咨询委员会对环境影响报告书中有关公众意见采纳情况的说明进行审议，判断其合理性并提出处理建议。

（三）从程序上强化政府的公众参与保障义务

当前协商民主实践中的最大问题是随意性较强、协商程序设计缺失，因此对政府来讲最主要的保障义务就是程序保障。[①]环境法上有三条程序规范对于协商民主立法至关重要，这三条规范旨在促进政府负有协商民主之保障义务的实效性，它遵循着"公开—说理—问责"的制度逻辑。

1．信息公开是前提。

如果事先没有充分的信息公开与背景解释，公众的参与就只能是盲人摸象，而政府的开放参与也只能是一种走过场。由此相对应的是"公开"条款，它应当明确负有公开义务的主体、公开内容和公开时间三个要素。《办法》第 2 章第 1 节"公开环境信息"明确了包括主体、时限、发布内容、发布方

---

① 朱新力、唐明良：《行政法基础理论改革的基本图谱》，法律出版社 2013 年版，第 131 页。

式等具体要求。

2. 说明理由是核心。"走过场"的公众参与有着一个共同特征，就是只开放参与，不提供说明。为此要建立行政决定说明理由制度，如《环境影响评价法》第11条的"说理"条款：应当认真考虑有关单位、专家和公众对环境影响报告书草案的意见，并应当在报送审查的环境影响报告书中附具对意见采纳或者不采纳的说明。

3. 问责制度是保障。即对重大决策未经公众参与而造成严重后果的人员，追究法律责任。由此相对应的就是"问责"条款。如《环境影响评价法》第32条：建设项目依法应当进行环境影响评价而未评价，或者环境影响评价文件未经依法批准，审批部门擅自批准该项目建设的，对直接负责的主管人员和其他直接责任人员，由上级机关或者监察机关依法给予行政处分；构成犯罪的，依法追究刑事责任。

经历了30多年的发展，我国的环保公众参与立法所积累的成熟经验可为今后的协商民主制度化提供有益的借鉴。当然，借鉴吸收经验过程中也应充分考虑不同协商领域的实际状况和现实需求，对环保立法经验进行适应性的改造，以使其真正成为符合我国协商民主法治需求的具有可操作性的法律机制。

附录2 以"公众评审团"为例的环境执法自由裁量权规制模式

以鱼米水乡著称的嘉兴，自20世纪90年代以来随着工业化和城市化进程的加快，竟然成为了水质性缺水城市，环境纠纷和矛盾此起彼伏。全市结构性污染问题突出，农村畜禽养殖污染和重污染产业比重高，是嘉兴环境整治的两大突出难点，给治污减排工作带来了巨大压力。严峻的环保形势与人民群众的期望值相差甚远，2006年、2007年两年全市环保系统受理的环保信访件均突破7 000件。一方面是群众参与环境保护的热情高涨，但因为缺乏相应的参与途径，广大群众对参与权和监督权的要求难以得到满足。另一方面，由于现有的环境法律中没有清晰和统一的执法标准，裁量空间和弹性大，环境主管部门在执法过程中很容易产生"同案不同罚"，人情罚、态度罚、行政议价等现象，造成一些当事人产生误解和抵触的情绪，拒绝检查、阻挠检查以及"执行难"等现象时有发生。这些问题都严重影响了环境执法的权威和公信力，损害了环保执法队伍的良好形象。

嘉兴行政自由裁量权控制的创新实践

长期以来，尽管我们的环境保护法规定公众有参与和监督环境保护的权利，但实践中环境执法活动并未完全公开，致使公众参与成了环境执法中的一个薄弱环节。目前控制环境行政裁量权的最常见方式是技术性控制，这一方式着眼于增加裁量刚性，即由相关国家机关对法律、法规、规章和规范性文件中可以量化和细化的行政裁量权的内容进行梳理，制定行政裁量权基准。而嘉兴在控制行政自由裁量权方面的创新做法为我们提供了一种思路，吸纳社会力量参与到政府的执法过程，整合多种资源，推进社会管理合力。这种新的路径选择明显区别于传统的技术性控制路径，主要表现为以下几个方面：

（一）多元参与，横向协同，有效制衡行政裁量权

传统模式实行的是行政机关"一家独大"的单一控制模式；现代治理强调多元参与，嘉兴将公众参与机制引入环境行政处罚的审议过程，在此过程中，政府并非一放了之，它在强调多元参与的同时，并不否定政府在环境事务管理中的重要作用，即保障公众参与的有序性。同时，传统的技术性控制模式实行的是垂直、强制、等级制的管理关系，上级机关制定裁量基准后层层下发给下级执法部门予以执行；现代治理提倡横向的协同参与关系，因为行政权天然地具有自上而下的强制力，制衡行政裁量权最好的方式就是赋予无行政权主体以一定的监督权，达到彼此的平衡。

（二）公众评审，外部控制，提升裁量结果的可接受性

传统上的技术性控制，其控制的空间始终局限于行政权力体系之内，哪怕引入立法权控制，其控制的空间仍囿于公权体系之内。现代行政有效行使的最大障碍就在于公众对公权的失信，这种失信无法通过公权内部的修正来改善和修复，通过引入公众参与来重塑行政权的公信力，让公众知晓、参与并监督行政裁量权的行使不失为一种较好的途径，同时也能有效地提升裁量结果的可接受性。

（三）动态开放，避免僵化，符合行政行为的本质要求

传统上技术性的控制是静态的，以事前规定的方式将裁量幅度细化，裁量只是机械套用已设置的规范标准，容易导致执法的僵化；而在公众评审模式中，裁

量方式是动态开放的，公众评审面对的都是鲜活的个案，通过个案综合考察有针对性地变化裁量幅度，更加符合行政行为的本质需求。

因此，在自由裁量权的控制方式上，技术性控制过于僵化、封闭和保守。相比之下，公众评审制顺应了十八届三中全会提出的"创新社会治理体制"的要求，鼓励和支持社会各方面参与，实现政府治理和社会自我调节的良性互动。公众评审制的合法性、正当性更加彰显，这一模式更值得推崇。

嘉兴公众评审制度的经验启示

引入外部知识，改变环境执法中的简单化思维

环境保护涉及诸多专业性的问题，而行政机关的工作人员常常会因为知识面的有限，心有余而力不足。因此，通过设立公众评审制度，可以更多地吸纳专业性人才参与行政机关的执法过程，有效避免少数人在决策过程中的盲目与偏见，改变环境执法中的简单化思维。

增强公众参与，确保环境执法中的正当性与合法性

环境保护的涉及面非常广，对公众的影响也非常大，因此，公众对参与的需要非常强烈。通过公众参与，一方面专家代表可以就专业性的技术问题向民众作更好的解释与宣传，这同时也是现代审议民主所必需的前提。另一方面，《行政处罚法》规定的"陈述、申辩或听证"的参与形式中只能进行"点"的互动，而公众评审会则可进行"线"式、持续的参与。公众评审团可以在这一程序中更好地了解整个案情和各方的意见，对于有效地处理利益纠纷和价值判断争议，具有良性的促进作用。实践表明，通过公众参与制度，为执法提供合法性基础，增强处罚决定的可接受性；相对人对这种开放性的机制更容易给予支持，大多数相对人对于经过公众评审的处罚结果更为心服口服，极大提高了案件执行效率，使南湖区 2009 年至今的案件自动履行率保持在 98.5%以上，居全嘉兴市环保系统首位。[1]

完善决策体制，抑制环境执法中的随意裁量

环境执法中的自由裁量权非常大，而引入公众评审制，可以有效地约束行政执法人员的自由裁量权。因为如果众评审团的集体决议意见与环保局执法人员的

---

① 张丽萍：《南湖区环保局接受群众监督，打造"阳光执法"》，载《嘉兴日报》，2013 年 5 月 7 日。

初审意见不相符合，环保局案件审核委员会在对案件的审查过程中，有可能修正或推翻此决定执法人员的初审意见。这也有效地避免了执法人员因个人的好恶等因素而滥用自由裁量权的情形。

展　望

党的十八届三中全会提出要"完善行政执法程序，规范执法自由裁量权，加强对行政执法的监督"。以嘉兴市为代表的地方城市，通过自身探索，确立了一种对自由裁量权进行规制的新方式。这是一种过程中的、通过外部的监督和制约来实现行政权力行使理性化的控制技术，并在实践中充分证明了其具有较强的适应力和规制力。当然，任何良好制度的形成都不可能一蹴而就，尚处于蹒跚起步阶段的公众评审制度仍存有诸多亟须进一步完善的地方。首先，评审员并非裁判员，其本身也不具有任何公权力，其在法律上如何定位是一个需要解决的问题。其次，公众评审制的案件适用范围、会议召开频率，并不明确。最后，在实践中，公众评审的结论仅具有参考性，当集体决议与环保局的初审处罚意见不相符合时可能引发一系列问题，也是需要解决的问题。因此，为保证参与的实效性，必须从制度上对其予以完善。

附录3　从嘉兴模式看多元社会主体在环境治理中的作用

通过近年来的探索，以"嘉兴模式"为代表的环境保护管理工作在理念上发生了重大转变，并取得了突出成效：突破传统的、单一的强制性公共行政管理方式，并逐步转向合作、多元化的治理模式。它呈现出"从管理到治理"、"管理与治理并存"的新状态。这些理念、做法和行动等既体现在文件、通知、公报、工作总结、工作计划等各类载体之中，也反映在各项具体环境治理工作之中，呈现出"合作"、"参与"和"多元化"的特征。

以嘉兴模式为例，我们看到多元社会主体在环境治理的过程中，持续互动、相互协商、达成共识，从而推进了社会参与进程，在此，嘉兴市的环保部门牵头搭建平台，企业、社会公众、专家、媒体从业人员、律师等参加，实现政府、行业（企业）、媒体、专家、公众等多方联动，使不同的社会群体，以不同的参与组织为依托，充分发挥他们的积极作用。这种参与也是覆盖全程的。公众参与范围涵盖项目立项审批，环保执法监管、环保专家服务，环境违法案件处罚评审等各个环节；有关部门还针对影响恶劣的企业积极推动环境公益诉讼，鼓励公众通过公益诉讼途径参与环境保护。此外，在对环境治理的参与中，公众服务与监督并重，寓监督于服务之中。为此嘉兴市形成了市民检查团、市民评审团等组织来监督企业和政府的环境行为，而其专家服务团的参与不仅仅停留在项目评审会上，更多的是参与到企业的技术服务中去。①

在这些现象的背后所体现的是治理结构上的创新，即多元社会主体参与到社会治理进程中，在嘉兴模式中，多个、多层、多界和多域行为主体在环境治理中采取共同的行动，从而形成多方合作、优势互补、功能融合、机制灵活的治理结构（见图 8-2）。②这一治理结构有助于协同创新，实现从政府单一主体的治理结构向多种社会主体治理结构转变。这一治理结构与传统社会治理形态的区别在于，在传统方式中，社会组织大多是同类社会成员的联合（"同质联合体"），而多元社会主体的治理结构具有"异质联合体"或"跨界联合体"等形态。它们往往有政界、学界、企业界、传媒界等的机构人员和普通公众参与，人员交叉兼职，角色身份多样，形成互动关联的社会合作体。

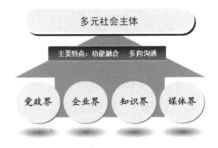

图 8-2　多元社会主体的基本架构

由此，在"嘉兴模式"中，环保部门积极搭建各种公众参与环境保护的平台，鼓励和推进政界、知识界、企业界、媒体界等社会主体之间的互动，形成多方参与、主要以协商方式解决所面临环境问题的合作形式。

嘉兴模式中所呈现的社会治理经验，是一种崭新的政府职能转移形式。这不

---

① 虞伟：《环境公共治理的嘉兴实践与思考》，载《我们》2013 年第 3 期。
② 王国平：《培育社会复合主体研究与实践》，杭州出版社 2009 年版，第 27 页。

仅仅是因为它建立在新的治理主体理论基础之上，更是因为它是一种路径选择的创新。目前在实践中，政府职能转移通常采取政府职能外包的形式，把政府变成了"委托人"和"发包方"，社会组织变成了"代理人"和"承包方"。这些转变可以使政府与社会的关系转化为一种"委托—代理"的关系。然而在实践中，这种代理关系常常蜕化为"指导—被指导"、"控制—被控制"甚至"命令—被命令"的不对等关系。这显然不是一种良好的机制和路径选择。为此，治理理论倡导在政府和社会之间建立一种平等的"伙伴关系"。根据这一理论，政府职能转移不应该是政府简单地把职能"发包"给社会力量，而是应该跟社会力量结成"伙伴关系"，对环境问题实行复合治理，这才是一种良好的机制和路径选择。

嘉兴在政府职能转变方面的新做法为我们提供了一种思路，它在环境治理中并不是简单地把政府职能外包出去，而是吸纳社会力量，整合多种资源，推进社会管理合力，提升环境治理水平。这种新的路径选择明显区别于治理的传统路径，对于这种路径转变所形成的特点，我们可以通过以下几方面的讨论来展示（见表8-1）：

表 8-1 治理的传统路径与创新路径比较

路径选择	传统路径（职能外包）	创新路径（多元社会主体）
转移方式	委托—代理	复合治理
关系类型	购买—提供	伙伴关系
理论基础	新公共管理理论	治理理论
价值取向	效率	合法性等
终极目标	善政	善治

1. 转移方式。传统路径实行的方式是"委托—代理"，而新型治理方式是政府和社会组成多元社会治理主体，共同实施对环境问题的治理。在嘉兴的环境公共治理过程中，政府并非一放了之，因而在强调多元参与的同时，并不否定政府在环境事务管理中的重要作用，即保障公众参与的有序性。在这里，政府职能的转变不是削弱政府的作用，而是优化政府结构和功能，提高了政府的效率和实际能力。同时这一治理方式也要求政府合理地界定其行为的边界，把不该自己包办的或者不能很好解决的事情交由各种自治组织和社会力量承接；政府则主要承担

起方向引领、政策奖惩、监督引导的职能，在嘉兴模式中，从制度设计、平台搭建和渠道建立，都是在环保行政机构的引导下展开的，政府通过整合公众参与资源，推进环境保护合力。

2. 关系类型。传统路径实行的方式是"购买—提供"，从而形成一种不平等的关系。嘉兴模式赋予了公众和社会组织以平等的参与权，构造了平等的伙伴关系，如市民检查团可以对申请污染"摘帽"的企业进行听证质询、现场核查和验收投票测评，还可以采取"点单式"执法方式全程参与环保部门的"飞行监测"执法行动。不仅如此，企业也采取自主的环境保护行动，做出环保承诺。嘉兴的"道歉书"现象就是按照社会伦理道德要求，借助社会舆论监督强化环保信用企业评估机制建设的创新制度。2007 年底以来，已有 25 家不良环保信用企业联名签署《致全市人民道歉信》，全市 19 家上市公司公开发出《上市公司履行环保责任承诺书》。这种政府与企业、公众形成的分工协作、良性互动格局，成为共同治理的典范。

3. 理论基础。传统路径是以行政管理学理论为基础来完成公共事务的管理，以提高政府管理的效率和质量。而创新路径以"治理理论"为理论基础，强调的是多元、合作与参与。嘉兴的实践中，除了对专业性疑难复杂案件之外，绝大多数环境行政处罚案件都适用公众评审，嘉兴有关部门充分尊重民意，放手让公众参与、让公众表达、让公众监督。如果公众评审的决议意见与环保部门的初审意见不一致，还要经过再一轮的案件复核才能最终敲定。据统计从 2009 年至 2011年 8 月底，南湖区环保局经公众评审的 333 起行政处罚案件中，提出对环保局初审意见有异议的共有 20 起，最终被采纳的公众评审意见达 14 起，整体采纳率达98.2%。[①]这充分折射出环保部门科学决策、民主行政的执政理念。

4. 主导价值。传统路径是以效率为取向，而创新路径则是以合法性为取向的。随着社会的发展和改革的进展，运用科学手段提高政府公共管理的质量和效率并不是人们价值追求的唯一目标。合法性（legitimacy）越来越成为一个更重要的目标，它指的是社会秩序和权威被自觉认可和服从的性质和状态。[②]它与法律规范没有必然联系，只有那些被人们内心所体认的权威和秩序，才具有政治学中所说的

---

① 刘毅：《参与环保，公众有了否决权》，载人民日报，2010-11-25（20）.
② 中央编译局调研组：《伙伴关系与复合治理》，载《我们》2013 年第 3 期。

合法性。嘉兴模式非常强调合作与参与以增进治理的合法性，如将公众评审制引入环境行政处罚案件的审议过程，使环境执法集中民智、体察民意、凝聚民力，增强了执法决策过程的合法性，大多数相对人对于经过公众评审的处罚心服口服，极大提高了案件执行效率，使南湖区 2009 年至今的案件自动履行率保持在 98.5% 以上，居全嘉兴市环保系统首位。[①]

面对新形势下社会结构和社会利益的巨大分化，嘉兴创造了一种新的协调多样化利益的多元利益治理主体，以应对转型带来的开放性变化和地方环境战略挑战。这为环境公共治理提供了一条值得思考的新路径。它带给我们的启示是：社会治理绝不只是政府管理社会的内容、方式或者手段的创新，它首先要求解决治理结构的问题。

[①] 张丽萍：《南湖区环保局接受群众监督，打造"阳光执法"》，载《嘉兴日报》，2013 年 5 月 7 日。

参考文献

[1] Report of the United Nations Conference on the Human Environment. http：//www.un-documents.net/aconf48-14r1.pdf.

[2] 里约环境与发展宣言. http：//www.un.org/documents/ga/conf151/aconf15126-1annex1.htm.

[3] 21 世纪议程. http：//www.un.org/chinese/events/wssd/agenda21.htm.

[4] 联合国欧洲经济委员会. 在环境问题上获得信息公众参与决策和诉诸法律的公约（即《奥胡斯公约》）. http：//www.unece.org/fileadmin/DAM/env/pp/documents/chinese.pdf.

[5] 绿色和平.公众参与环境保护能力建设手册——环境信息公开申请指南. http：//202.152.178.208/event/report/info-disclosure.pdf.

[6] WWF（世界自然基金会）. 中小学环境教育实施指南. http：//www.wwfchina.org/wwfpress/publication//ecb/eduFinal.pdf.

[7] 澳大利亚新南威尔士州. 环境犯罪与惩治法（中文）. http：//www.hjajk.com/lawInfo/Display.aspx？id=7347.

[8] 高金龙，徐丽媛. 中外公众参与环境保护的立法比较[J]. 江西社会科学，2004（3）：251-253.

[9] 万劲波，张曦，周宏伟. 论环境保护中的公众参与. http：//www.riel.whu.edu.cn/article.asp？id=25926.

[10] 黄冀军. 从旁观者变成一支主力——解读环境保护公众参与"嘉兴模式"[N]. 中国环境报.

[11] 虞伟. 环境公共治理的嘉兴实践与思考[J]. 我们，2013（3）.

[12] 徐建平，等. 公众参与显亮点[N]. 中国环境报，2011-11-07（07）.

[13] 许辰舟. 行政决策中的人民参与[D]. 台湾大学法律学研究所，1999.

[14] 梅璎迪.罚多罚少请草根"议议"——嘉兴南湖设立全国首个"环境公众评审员"制度[N]. 新民晚报，2010-08-03（1）.

[15] 刘毅. 参与环保，公众有了否决权[N].人民日报，2010-11-25（20）.

[16] 张丽萍. 南湖区环保局接受群众监督，打造"阳光执法"[N]. 嘉兴日报，2013-05-07.

[17] 俞可平. 治理与善治[M]. 北京：科学文献出版社，2000.

后　记

　　此书是我在浙江工商大学工作时参与中欧环境治理项目的一个成果。从 2011 年项目招标公告发布、第一轮评审、第二轮评审至 2012 年最终入选，项目组的各位同仁经历了无数个不眠夜，辛酸自知。谁知项目入选只是万里长征第一步，其后具体执行中面临的困难更多，而大家始终在高昂的斗志中砥砺前行。在这三年多的时间，也见证了我人生中的一些重要时刻，从撰写毕业论文到完成博士学位再到副高职称评审，一路伴随着这个项目一起成长。常言说，人到三十岁的时候特别容易怀旧。本书动笔之时我还未满三十，如今成稿之日两鬓已间有白发，未免感叹"伏夏近晚秋，相交零落许？前路少行人，旧识多不见"，我想起了那天在夕阳下的奔跑，那是我逝去的青春。

　　在此，我首先最要感谢的是我的师兄，中欧环境治理项目浙江公众参与地方伙伴项目执行主任、浙江省环境宣传教育中心高级工程师虞伟先生，他以忘我的热情和执着的精神投入到项目中，在这个项目中起到了至关重要的作用。浙江大学公共管理学院林卡教授作为社会政策专家，对本人的写作也给予了悉心指导，令我受益匪浅。浙江大学光华法学院钱水苗教授是我国较早从事环境法学研究的学者之一，我在浙大读本科时就受益良多，十年之后还能与其在项目中共事，实乃幸事。嘉兴学院朱海伦副教授的前期研究成果也为我的研究提供了借鉴和参考。此外，我的同学朋友浙江财经大学冯涛副教授、杭州市环保局王勇博士、浙江省委党校金长义先生、浙江省科技厅王嘉珏先生，以及我现在单位的领导，浙江工商大学陈寿灿校长、法学院谭世贵院长、苏新建副院长、骆梅英副院长，还有浙江省社科院唐明良副研究员、美国加州大学洛杉矶分校李心悦博士、浙江农林大学陈海嵩副教授、北京大学法学院李亢博士，英国格拉斯哥大学 Neil Munro 和 Nairui，利兹大学 Hinrich Voss，荷兰国际社会质量协会 Laurent Van der Maeson 以及我的母校瑞典 Uppsala 大学 Mattias Burell 和 Oscar Almen 对本书亦有贡献。另外，本书的最终出版也同时得到了浙江工商大学和浙江省社科联社科普及出版资助项目的支持，也一并表示感谢。

虽然我投入很大精力写作本书，但限于学识、能力所及，文中仍然存在诸多不足，希望能得到师友和读者的意见和建议。

朱狄敏

2015 年秋于浙江工商大学

致　谢

中欧环境治理项目浙江公众参与地方伙伴项目——嘉兴模式中的公众参与环境治理及其在浙江的可推广性，从 2012 年 9 月实施以来，历经 30 余月，成果终于付诸出版。本项目由浙江省环境宣传教育中心牵头协调，浙江大学、浙江工商大学、英国格拉斯哥大学、英国利兹大学、荷兰国际社会质量协会作为合作伙伴，浙江省公共政策研究院、嘉兴市环保联合会、荷兰阿姆斯特丹自由大学、芬兰图尔库大学、瑞典斯德哥尔摩大学、英国谢菲尔德大学等作为协作单位，在环保部环境与经济政策研究中心指导下共同完成。感谢合作伙伴浙江大学公共管理学院林卡教授、浙江工商大学朱狄敏博士以及荷兰国际社会质量协会 Dr. Laurent J.G. van der Maesen、英国格拉斯哥大学 Dr. Neil Munro、英国利兹大学 Dr. Hinrich Voss 等在项目前期论证申请过程的合作，使我们的申请得以成功通过。在项目执行过程中，非常感谢项目团队其他中外伙伴们的精诚合作，他（她）们是荷兰国际社会质量协会 Dr.Kai Wang，英国格拉斯哥大学 Dr. Nai Rui Chng，瑞典乌普萨拉大学 Dr.Mattias Burell、李心悦博士，浙江大学光华法学院钱水苗教授、巩固副教授，嘉兴学院朱海伦副教授，浙江省社会科学院王崟屾副研究员、唐明良副研究员，以及北京大学阳平坚博士、杭州电子科技大学方建中副教授、浙江农林大学陈海嵩博士、浙江财经大学冯涛博士等都在与嘉兴模式相关的问题上进行了研究或作出贡献。同时也感谢荷兰国际社会质量协会 Ms.Helma Verklej，英国格拉斯哥大学 Dr.Bettina Bluemling，瑞典斯德哥尔摩国际水研究院 Mr.Frank Zhang 对项目国际交流以及论文编撰等的支持。感谢浙江大学公共管理学院朱浩、易龙飞、侯百谦、吕浩然、张育琴、付志宇、黄立婉等同学以及浙江大学北欧班的同学对项目调研和成果研究作出的贡献。

项目实施以来，我们也非常感谢浙江省有关领导、各级环保和相关部门人士的大力支持。他（她）们是十一届浙江省政协副主席、时任浙江省政府副省长陈加元、浙江省环保厅厅长方敏、浙江省环保厅副厅长卢春中，浙江省环保厅生态处处长马青骏、法规处处长叶俊、副处长陈云娟、时任法规处副处长徐妙芳（挂职）以及戴任重，建设项目管理处处长周碧河，科技与合作处处长李晓伟、副调研员邱中云，浙江省环境宣传教育中心主任潘林平、时任主任黄渭、时任副主任兼中国环境报浙江记者站站长赵晓，杭州市环保局总工程师沈海峰、邵煜琦、孟祥胜、林燕、余中平、裴斐，杭州市发展研究中心政治文明研究处处长孙颖，宁波市环保局巡视员吴建伟、谢小诚、陈晓众、王璐，温州市环保局副局长胡正武、副局长林曙、刘卓谞，湖州市环保局纪检组长黄一平、副局长余加伟、吴婧、邵波，嘉兴市环保局纪检组长邱再青、副局长朱伟强、杨建强、蔡华晨、王黎，海盐县人民政府县长章剑，绍兴市环保局副局长胡剑、沈慧惠，金华市环保局副局长李荣军、李期辉、金丹华，衢州市环保局副局长胡耀龙、王峰，台州市环保局党组成员马银来、李展明、丁华慧，舟山市环保局副局长於敏峰、邬国桢、黄最惠，丽水市环保局副局长胡晓红、陈锋。

此外，对于此项目的执行，我们要特别感谢中欧环境治理项目主管方对本项目的支持。他（她）们是欧盟驻华代表团项目主管黄雪菊女士、欧盟驻坦桑尼亚代表团 Ms.Maria Chiara Femiano（时任欧盟驻华代表团中欧环境治理项目官员），环保部政策法规司副司长别涛先生、环保部政策法规司法规处副处长李静云博士、商务部国际经贸关系司一等商务秘书罗煜女士、一等商务秘书陈红英女士，环保部环境与经济政策研究中心副主任、中欧环境治理项目主任原庆丹先生，环保部环境与经济政策研究中心战略室主任、中欧环境治理项目执行主任俞海博士，中欧环境治理项目欧方主任 Mr.Dimitri de Boer、项目专家 Mr.Richard Hardiman 以及项目办张会君、尚宏博、潘泓、李华蕾、刘梦星、Merav Cohen，他们的支持为本研究项目的顺利进行提供了基本的保障。另外，我们也感谢环保部宣教中心主任贾峰先生，环保部宣教司综合处赵莹处长，全国人大法工委行政法室刘海涛处长，环保部环境与经济政策研究中心首席专家王华博士，浙江省法制办立法二处童剑峰处长，浙江省公共政策研究院副院长蓝蔚青研究员以及河北省人大常委会城环工委白刚副主任和武晓雷处长等对项目成果推广交流的支持。

在项目的执行过程中，我们也要感谢各类社会组织及其相关人士参与到项目各类活动。这些社会组织的人士包括，嘉兴市环保联合会副秘书长万加华、阿里巴巴公益基金会杨方义、杭州市上城区艾绿环保科普服务中心郑元英、温州绿色水网公益中心白洪鲍、浙江工业大学生物与环境工程学院党委副书记马骏、分团委书记张烽，以及浙江外国语学院张英、李玲玲、祁晓茵、孙福汝、陈瑶、王怡文、苏洁和浙江工业大学潘娇娇、浙江大学宁波理工学院黄慧珍等同学的翻译志愿服务。同时，也感谢中欧环境治理项目地方伙伴关系项目其他兄弟机构的支持，他们是中华环保联合会、天津泰达低碳经济促进中心、北京市朝阳区公众环境研究中心、布莱克·史密斯环境研究所、德国国际合作机构、瑞典环境科学院等。

同时，我们也要感谢有关媒体伙伴对项目宣传的支持，他（她）们是中新社赵小燕，中国网焦梦，《中国环境报》陈媛媛、晏利扬，《世界环境》刘茜，《新环境》丁瑶瑶，《浙江日报》吴妙丽、陈文文，浙江在线潘杰、陈铖、孙璐、仲瑶卿，浙江之声余昌伟、吴轶颖，浙江交通之声王桔，浙江卫视周菁，浙江经视金昆，《青年时报》朱敏，《都市快报》王中亮，《浙江人大》林龙，《今日环境》许佐民等（以发稿时所在单位为准），还有其他很多媒体伙伴要感谢，在这不一一列出。

最后，还要特别感谢浙江省环境宣传教育中心项目助理王雯，以及寿颖慧、邵甜、杨贡江、吴涓、俞桂英、陆俊超、王希莉、沈焕壮、梁婧婧、任依依、金元森、蒋和平和实习生李猛等同事在项目推进过程中的努力、配合和支持。

项目执行主任　虞伟

2015 年 11 月